横断山杜鹃花

之四川篇

主编　魏荣平　蔡水花　王　飞　李仁贵

四川科学技术出版社

图书在版编目（C I P）数据

横断山杜鹃花之四川篇 / 魏荣平等主编. — 成都：四川科学技术出版社, 2021.10

ISBN 978-7-5727-0319-5

Ⅰ.①横… Ⅱ.①魏… Ⅲ.①杜鹃花属—介绍—四川 Ⅳ.①Q949.772.3

中国版本图书馆CIP数据核字(2021)第196201号

横断山杜鹃花之四川篇

HENGDUANSHAN DUJUANHUA ZHI SICHUAN PIAN

主　　编　魏荣平　蔡水花　王　飞　李仁贵
出 品 人　程佳月
责任编辑　胡小华
责任出版　欧晓春
出版发行　四川科学技术出版社
　　　　　成都市槐树街2号　邮政编码：610031
　　　　　官方微博：http://e.weibo.com/sckjcbs
　　　　　官方微信公众号：sckjcbs
　　　　　传真：028-87734035
成品尺寸　210mm×285mm
印　　张　22.25　　字数　445千
印　　刷　四川川林印刷有限公司
版　　次　2021年12月第一版
印　　次　2021年12月第一次印刷
定　　价　168.00元
书　　号　ISBN 978-7-5727-0319-5

■ 版权所有，侵权必究 ■

（本书如有缺页、破损、装订错误，请寄回印刷厂调换：028-62023006 69692051 13882087364）

《横断山杜鹃花之四川篇》

编委会

主　　编：魏荣平　蔡水花　王　飞　李仁贵

编　　委：降　初　耿玉英　谢　浩　朱大海
张　超　李德生　仇　剑　马文宝

摄　　影：谢　浩　王　飞　朱大海　刘　巅
马文宝　蔡水花　张　超　魏荣平
李仁贵　刘明冲

编著单位：中国大熊猫保护研究中心

前 言

清光绪五年（1879年），四川总督丁宝桢为了解西藏毗邻地区山川地形，派了一支小队伍对该地区进行考察。黄楙材便是这支6人小队伍的负责人，他原本是江西上高县的秀才，24岁时抛弃了四书五经，前往华洋杂处的上海，认真研究时务，学习数理、外文和测绘。黄楙材一行人，先是自东向西跨越了横断山北部，再从横断山北部，顺着横断山的走向南下，穿越了横断山南部，在横断山区走了一个反写的“7”字。

在黄楙材考察途中，天天面对那些横亘于前的大山，感叹它们仿佛阻断了道路，因而称之为横断山。当然，准确地说，横断山应该称为横断山系，因为它不是一列山脉，而是多列山脉的总称。至于横断山系的范围，历来就有多种说法。中国科学院成都山地研究所陈富斌先生给出的定义是：“横断山系是川西、滇西和藏东一带，岷江和雅鲁藏布江南北向河谷之间，南北走向山脉的总称。自东向西包括邛崃山—大凉山脉、大雪山脉、沙鲁里山脉、宁静山—云岭山脉、他念他翁山—怒山山脉、伯舒拉岭—高黎贡山脉和色隆拉岭七大山脉。区内有大渡河、雅砻江、金沙江、澜沧江和怒江五大河流。”

“鸟道崎岖，乱石狼藉；万山罗列于足底，危峰耸入于云霄”，这是一百多年前黄楙材对于横断山的真实写照。光绪五年九月十三日，黄楙材结束考察，作为考察成果，黄楙材写出了第一部穿越横断山的

日记《西輶日记》，他可能也是横断山最早的命名者之一。

杜鹃花是杜鹃花科（Ericaceae）杜鹃花属（*Rhdodendron* Linnaeus.）植物的泛称，其拉丁属名即“玫瑰树”之意。因其株型优美，花大艳丽素有“木本花卉之王”的美誉。杜鹃花属全球约有967种，主产于东亚以及东南亚。中国杜鹃花属植物有571种，特有种409种，其中80%分布在川、滇、藏所在的横断山区，该区域是杜鹃花属植物的现代分布中心与多度中心。

19世纪初期，西方人便开始引种栽培中国的杜鹃花，至19世界末期到20世纪初期，大量的高山杜鹃花从横断山区被引种到西方园林，至此，“中国的杜鹃花影响和改变了整个世界的园林界”。横断山区杜鹃花对西方园林的影响是一次革命性的变革，并因此改变了西方园林界的发展和引种方向，因此，中国也多了一个“世界园林之母”的“头衔”。当一百多年前的黄楙材穿梭于横断山区渺无人烟的杜鹃花林海间时，可曾想到这周遭随处可见、琳琅满目的杜鹃花，竟能引起如此翻天覆地的变革？

四川西南周边的崇山峻岭是横断山系最重要的组成部分之一。四川也是我国杜鹃花最主要的产区之一，杜鹃花分布种数仅次于云南和西藏，有200余种杜鹃花。川内诸如峨眉山、瓦屋山、西岭雪山、巴朗山、四姑娘山、贡嘎山、螺髻山、龙肘山等旅游胜地皆有高山杜鹃花的靓丽身影。享有“中国通”之誉的英国“植物猎人”亨利·威尔逊，在1899年—1912年间，前后四次历时12年为西方国家采集了大量的我国横断山区的植物标本及种子。威尔逊在中国的考察中，多次到达四川的康定、泸定、灌县（今都江堰）、汶川、理县、茂县和松潘等地，他在横断山采集和引种的杜鹃花种类多达100余种，其中在穆平（今宝兴县）就采集到19种模式标本。由此可见川西山区杜鹃花资源之丰富。

1914年，留美中国学生任鸿隽、周仁、秉志等人在美国伊萨卡组织成立中国科学社。之后又在我国上海创办《科学》杂志社，继而于1922年在南京兴办生物研究所，从而开启了我国现代生物学发展之路。1928年7月，静生生物所在北京组建，1934年8月，我国第一所现代植物园江西庐山森林植物园组建，后由冯国楣先生在庐山植物园建立了我国第一个野生高山杜鹃花属植物专类园。

1937年，庐山植物园迁往云南，在云南农林植物所成立后，随即又在盛产高山杜鹃、龙胆、报春等高山花卉的丽江设立工作站。至此，我国植物学以星火燎原之势随着新中国的成长迅速发展。杜鹃花由于其特殊的地位，主要由方文培、冯国楣两位先生担任起其分类研究的重任，从而开启了我国自己的杜鹃花研究事业。

我国的植物资源极为丰富，然而，较之于西方国家，我国的植物学起步晚，发展相对缓慢。尤其是杜鹃花，虽身为“名花”，且“美名远扬”，我国作为现代杜鹃花分布中心，拥有极为丰富的杜鹃花资源，但全球杜鹃花的研究中心却一直落户西方国家，而我国的杜鹃花研究长期以来未能有新的进展。随着时代的发展，人们对杜鹃花的认知逐步提升，寻觅、观赏野生高山杜鹃花的浪潮越来越高，野生高山杜鹃花已逐步走进普通大众的视野，杜鹃花的研究也迎来了新的春天。然而，高山杜鹃花天生“尊贵”，常隐居山野与皑皑雪山为伴，想邀它进入寻常百姓家，其道路还很漫长。

本书就横断山区之四川境内分布的野生杜鹃花做了较为细致的介绍，以期为地区杜鹃花分类、生物多样性保护及杜鹃花爱好者观赏等提供参考。该书共计收录杜鹃花属植物127种（含4变种，2亚种），分属5个亚属；其中杜鹃花亚属2组，11亚组共58种（含1变种，1变种,）；常绿杜鹃花亚属14亚组共66种（含3变种，1亚种）；羊踯躅亚属、长蕊杜鹃花亚属及映山红亚属各1种。限于野外考察时间及我们的水平，区域内一些物种我们可能还没有调查到，书中个别物种的鉴定还存疑点等；缺点和错误难免，望广大读者给予批评指正！

王　飞

2021年11月

目录 CONTENTS

横断山（四川境内）概况

四川省境内横断山所属地域主要由四川省阿坝藏族羌族自治州与甘孜藏族自治州的近全部、凉山彝族自治州的一部分以及雅安市和攀枝花市的一小部分构成。四川省境内横断山所属地域在行政区域上横跨阿坝藏族羌族自治州的若尔盖县、红原县、九寨沟县、阿坝县、松潘县、黑水县、茂县、理县、汶川县、四川汶川卧龙特别行政区（四川卧龙国家级自然保护区）、小金县、金川县、壤塘县和马尔康市；甘孜藏族自治州的德格县、甘孜县、色达县、白玉县、新龙县、炉霍县、道孚县、丹巴县、巴塘藏族自治县、理塘县、雅江县、泸定县、九龙县、得荣县、乡城县、稻城县和康定市；凉山彝族自治州的木里县与冕宁县；雅安市的芦山县、宝兴县、天全县、石棉县和汉源县；眉山市洪雅县；乐山市峨眉山；攀枝花市仁和区、米易县、盐边县等。四川省境内横断山所属地域的高山有岷山、邛崃山、大雪山、沙鲁里山，河流有岷江、大渡河、雅砻江和金沙江。

四川省境内横断山所属地域大部分冬半年受干暖的热带大陆气团控制，夏半年受赤道海洋气团控制，冬季干燥少雨，夏季湿润多雨，从山脚到山顶形成南亚热带、中亚热带、北亚热带、山地暖温带、高原温带与高原亚寒带气候。

由于地势剧烈起伏，江河南北纵贯，山川相间，四川省境内横断山所属地域局部气候变化多端，生物多样性复杂。根据横断山区种子植物特

有种的丰富程度及一些自然地理特征，区内植物区系在中国植物区系分区中属于中国–喜马拉雅植物亚区的滇西北川西南小区和川西北甘西南青东南小区，植物垂直分布十分明显，从山脚到山顶常常具备热带、亚热带、暖温带、亚寒带到高山寒带各类型的植被，是世界高山植物区系最丰富的区域之一。植物种类复杂繁多、地理联系广泛、分布镶嵌交错；植物特有科属种多，特有性明显，是复杂的自然变化过程中植物生存的避难所与分化地域。

四川境内的横断山不仅是重要的生态屏障，也是生物多样性、物种演化等研究与保护的特殊热点区域。

参考文献

1. 吴征镒, 孙航, 周浙昆, 等. 中国植物区系地理[M]. 北京: 科学出版社, 2010:86−87.

2. 刘常周, 徐波, 李志敏. 横断山区种子植物特有属的植物地理学研究 [J]. 云南师范大学学报(自然科学版), 2012, 32(1):72−78.

3. 李宗省, 何元庆, 辛惠娟,等. 我国横断山区 1960−2008 年气温和降水时空变化特征[J]. 地理学报, 2010, 65(5):563−579.

4. 李锡文. 横断山脉地区种子植物区系的初步研究[J]. 植物分类与资源学报, 1993, (3):217.

5. 李炳元. 横断山脉范围探讨[J]. 山地研究, 1987,5(2):12−20.

6. 李炳元. 横断山区地貌区划[J]. 山地学报, 1989,7(1):13−20.

7. 张谊光. 横断山区气候区划[J]. 山地研究, 1989,7(1):21−28.

横断山杜鹃花形态性状

杜鹃花是指杜鹃花科（Ericaceae）杜鹃花属（*Rhododendron* Linnaeus.）植物，是横断山区域开花最美丽的野生花卉之一。横断山杜鹃花属植物具有以下一些基本形态特征：

1.植株：通常为灌木，少数种类生长为小型或中型乔木或矮小垫状灌丛，地生，极少附生在林中乔木树干或潮湿岩石表面。

乔木

灌木

小灌木，常平卧成垫状

小灌木，附生于树上

小灌木，附生于石壁之上

2.幼枝上无毛，或被各式毛被，或被鳞片。

幼枝无毛和鳞片

幼枝被鳞片

幼枝被毛和鳞片

幼枝有鳞片，密生棕色刚毛

幼枝被短柔毛和鳞片

幼枝被鳞片，密生刚毛及短柔毛

幼枝密被鳞片和褐色长刚毛

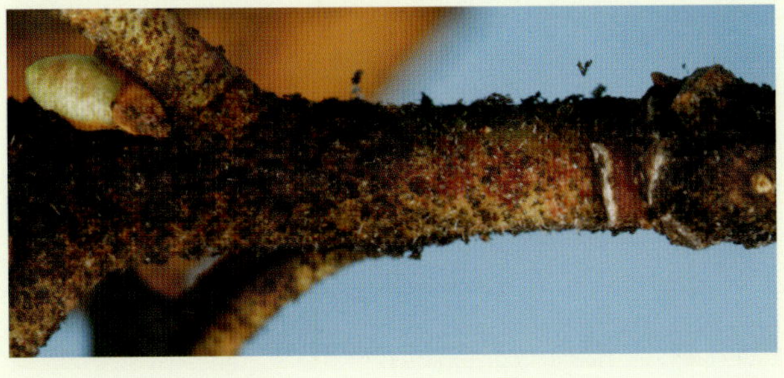

幼枝密生鳞片或疏柔毛

幼枝被鳞片和微柔毛，有宿存的叶芽鳞

幼枝被各式毛被

幼枝密被锈红色至黄棕色厚绵毛

幼枝密被淡褐色有分枝的粗毛

幼枝密被红棕色绒毛

幼枝有灰色绒毛

幼枝被灰白色星状毛

幼枝被腺头刚毛

幼枝密被褐色腺头刚毛

幼枝密被黄棕色绵毛，毛下覆盖有散生的小鳞片

幼枝密被淡黄白色绒毛

幼枝被淡灰色绒毛

幼枝被淡黄色毛，芽鳞宿存

幼枝密被锈黄色顶端有分枝的长毛，芽鳞宿存

3. 叶互生，稀在小枝先端密集呈假轮生，常绿、落叶或半落叶。

常绿

落叶

半落叶

4. 叶的形态多变，有椭圆形、长圆形、披针形、倒披针形、长披针形、卵圆形、倒卵圆形、卵形、倒卵形、圆形等；叶两面光滑，被鳞片或毛。

叶的形态

叶的鳞片类型

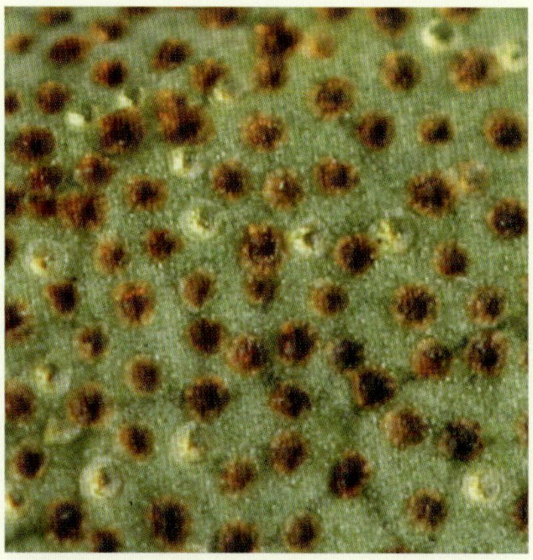

大脐鳞

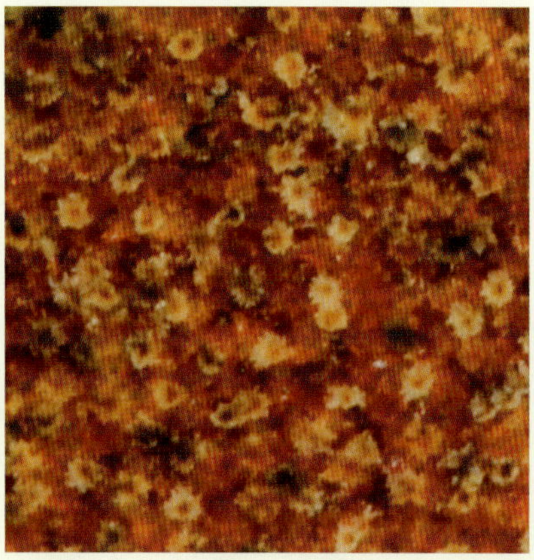

小脐鳞

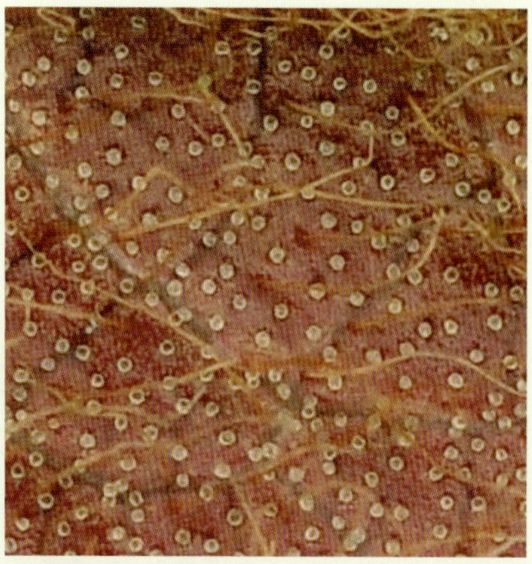

圆形鳞

叶的毛被类型

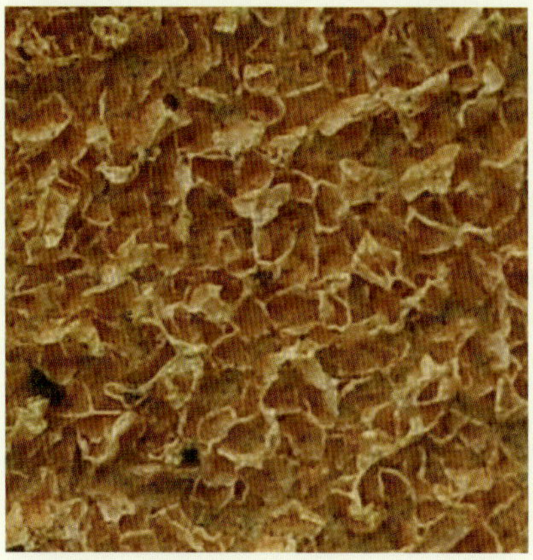

杯状毛

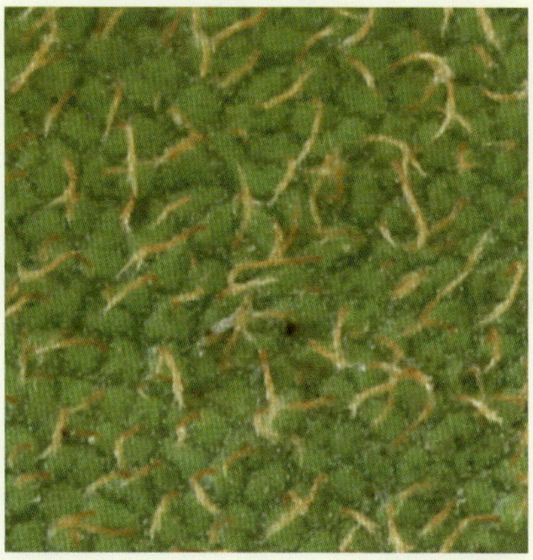

粗伏毛

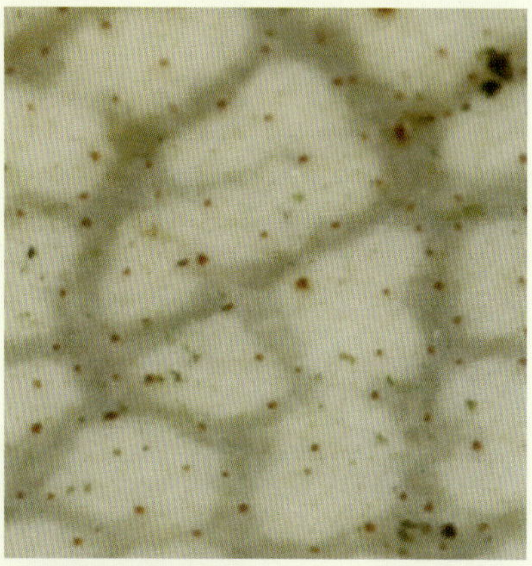

叶下面小毛残点

刚毛

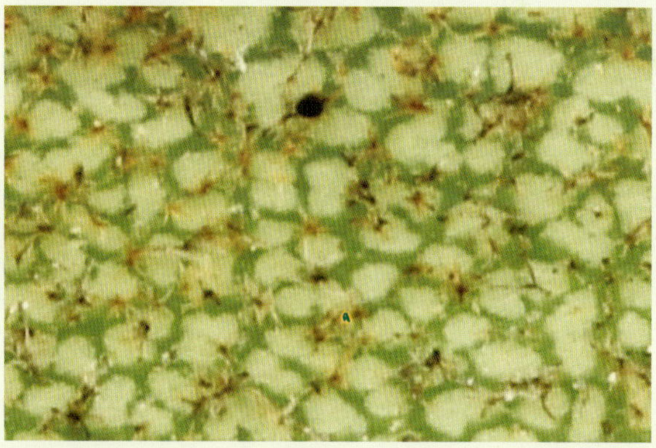

星状毛

分枝毛

簇状分枝毛

5. 花序有顶生、顶生和腋生或腋生花序，单花序含花数量从1花至多花不等；花萼大小从不明显至长达2厘米以上，裂片有三角形、椭圆形、卵圆形等，外面被鳞片、毛，或无；花冠的形态多变，有管状、辐状、钟状、漏斗状、高脚碟状等，其花色也丰富多样，有暗红、血红、粉红、黄色、紫蓝、深紫、浅紫、粉白、白色等；花冠裂片也是以5基数为主，有时达7~10裂。

花序

花序顶生

花序腋生

单花花序

少花花序

少花花序

多花花序

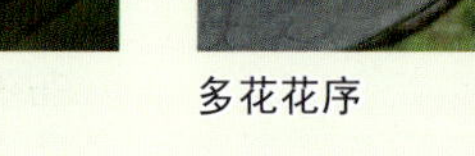

多花花序

花萼

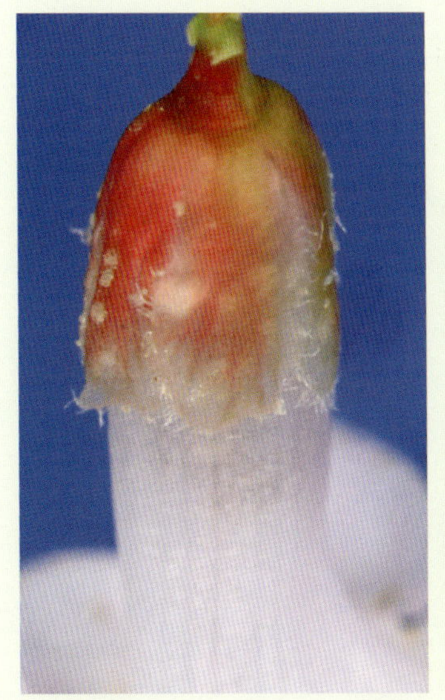

花萼淡紫色，长3~4毫米，外面常无鳞片，边缘有密而长的睫毛或鳞片

花萼裂片三角状长卵形，长5毫米，被糙伏毛

花萼裂片卵形，长2~3毫米，外面疏生鳞片，边缘有长缘毛

花萼长3~4.5毫米，外面被鳞片，被缘毛

花萼裂片倒卵状长圆形，长8~12毫米，外面近基部被腺毛和灰色短柔毛，边缘具腺头睫毛

花萼裂片三角形，长约2毫米，外面被柔毛，边缘有纤毛

花萼长1.5毫米，边缘波状，有腺体

花冠形状
阔漏斗状
漏斗状
漏斗状钟状
斜钟状
管状钟状
钟状
管状
高脚碟状

花冠裂片数量

花冠5裂

花冠7裂

花冠5裂

花冠7裂

花冠5裂

花冠7裂

6. 雄蕊5~10，通常10，稀15~20(~27)；子房和花柱被鳞片、毛，或无。

雄蕊数量

雄蕊10

雄蕊10

雄蕊14

雄蕊14

雄蕊10以上

雄蕊5

子房和花柱

子房密被短柄腺体，花柱无毛

子房密被糙伏毛，花柱无毛

子房密被腺体，花柱被腺体直达顶端，柱头膨大

子房被鳞片，花柱短，光滑

子房长被鳞片，花柱无毛

子房密被鳞片，花柱弯弓状

子房密被白色短柄腺体，花柱无毛

子房密被腺毛

7. 果实形状变化相对较小，主要有长圆柱形、长圆形、卵状椭圆形、卵形等；种子分为无翅类和有翅类。

果实和种子

长圆柱形果实

长圆柱形果实

有翅类：种子有明显翅，两端不收缢，但两端明显分裂

无翅类

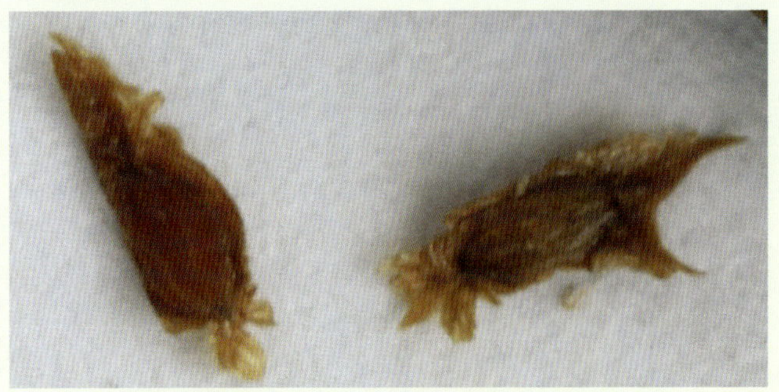

有翅类：种子有明显翅，一端明显收缢

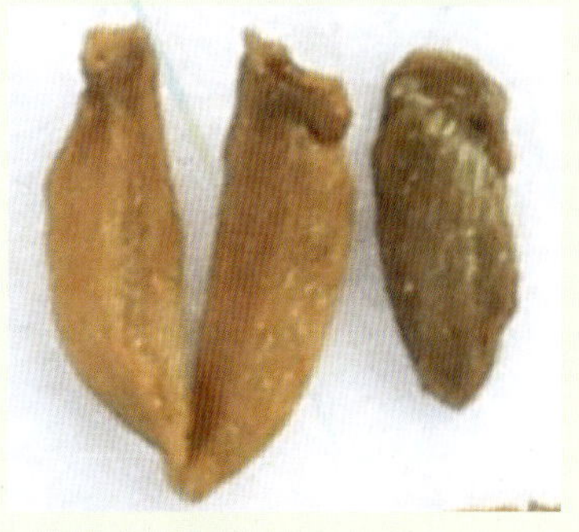

无翅类

横断山杜鹃花属植物分类

本书采纳Cullen（1980）关于有鳞类群的修订和Kron（1990）将Sleumer马银花亚属的4组提升为4亚属的修订，认为中国杜鹃花分为7个亚属。本书描述了127种（包括亚种和变种）杜鹃花，分属于5个亚属：杜鹃花亚属subgen. Rhododendron、常绿杜鹃花亚属subgen. Hymenanthes (Blume) K. Koch、长蕊杜鹃花亚属subgen.Choniastrum（Franch.）Drude、映山红亚属subgen. Tsutsusi (G. Don) Pojark. 和羊踯躅亚属subgen. Pentanthera (G. Don) Pojark. 。这些亚属可以通过以下一些特征进行区分：

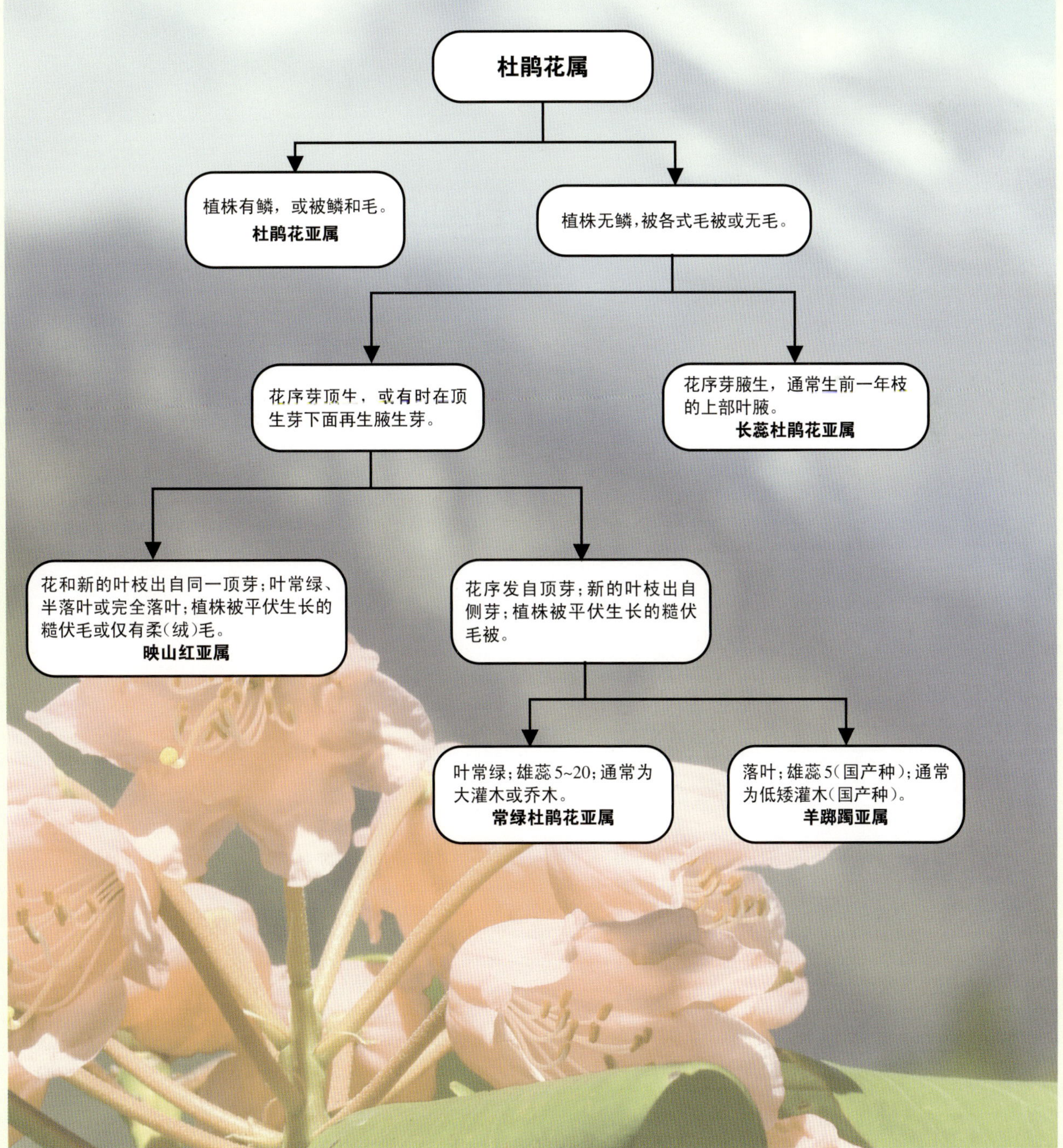

杜鹃花亚属

subgen. Rhododendron

杜鹃花亚属植物通常为常绿（稀落叶或半落叶）的小型至中型灌木；稀较大型。植株包括小枝、叶、花各部及果都多少有鳞，鳞脱落或宿存。果瓣有时质薄，开裂后扭曲或反卷。种子具鳍状窄翅或两端具长尾状附属物。

杜鹃花亚属

本书杜鹃花亚属包括2组：杜鹃花组 sect. Rhododendron 和髯花杜鹃花组 sect. Pogonanthum G. Don，共有60种杜鹃花。两个杜鹃花组可以通过以下一些特征进行区分：

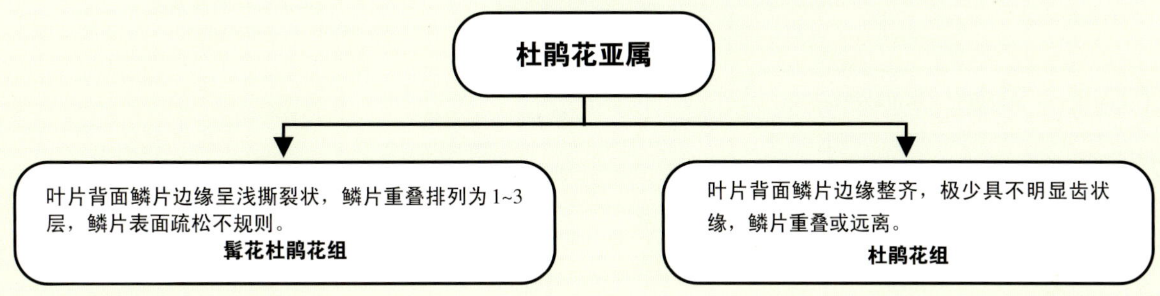

杜鹃花组 sect. Rhododendron

杜鹃花组植物为小至大灌木或小乔木，通常常绿，少有半落叶，有些种类附生。花序顶生，或同时有2~3个侧生花芽出自枝顶叶腋；花萼短小成檐状或裂片发达成叶状；花冠漏斗状、钟状或筒状；花柱细长劲直或短而强度弯弓，洁净或基部被鳞片或短柔毛。

本书杜鹃花组包括11个亚组：鳞腺杜鹃花亚组 subsect. Lepidota (Hutch.) Sleumer、川西杜鹃花亚组 subsect. Moupinensia Sleumer、高山杜鹃花亚组 subsect. Lapponica (Balf. f.) Sleumer、亮鳞杜鹃花亚组 subsect. Heliolepida (Hutch.) Sleumer、怒江杜鹃花亚组 subsect. Saluenensia (Hutch.) Sleumer、泡泡叶杜鹃花亚组 subsect. Edgeworthia (Hutch.) Sleumer、三花杜鹃花亚组 subsect. Triflora (Hutch.) Sleumer、照山白亚组 subsect. Micrantha (Hutch.) Sleumer、疏叶杜鹃花亚组 subsect. Hanceana （Hutchinson）Geng、糙叶杜鹃花亚组 subsect. Scabrifolia Cullen、腋花杜鹃花亚组 subsect. Rhodobotry (Sleumer) Geng，共有54种杜鹃花。

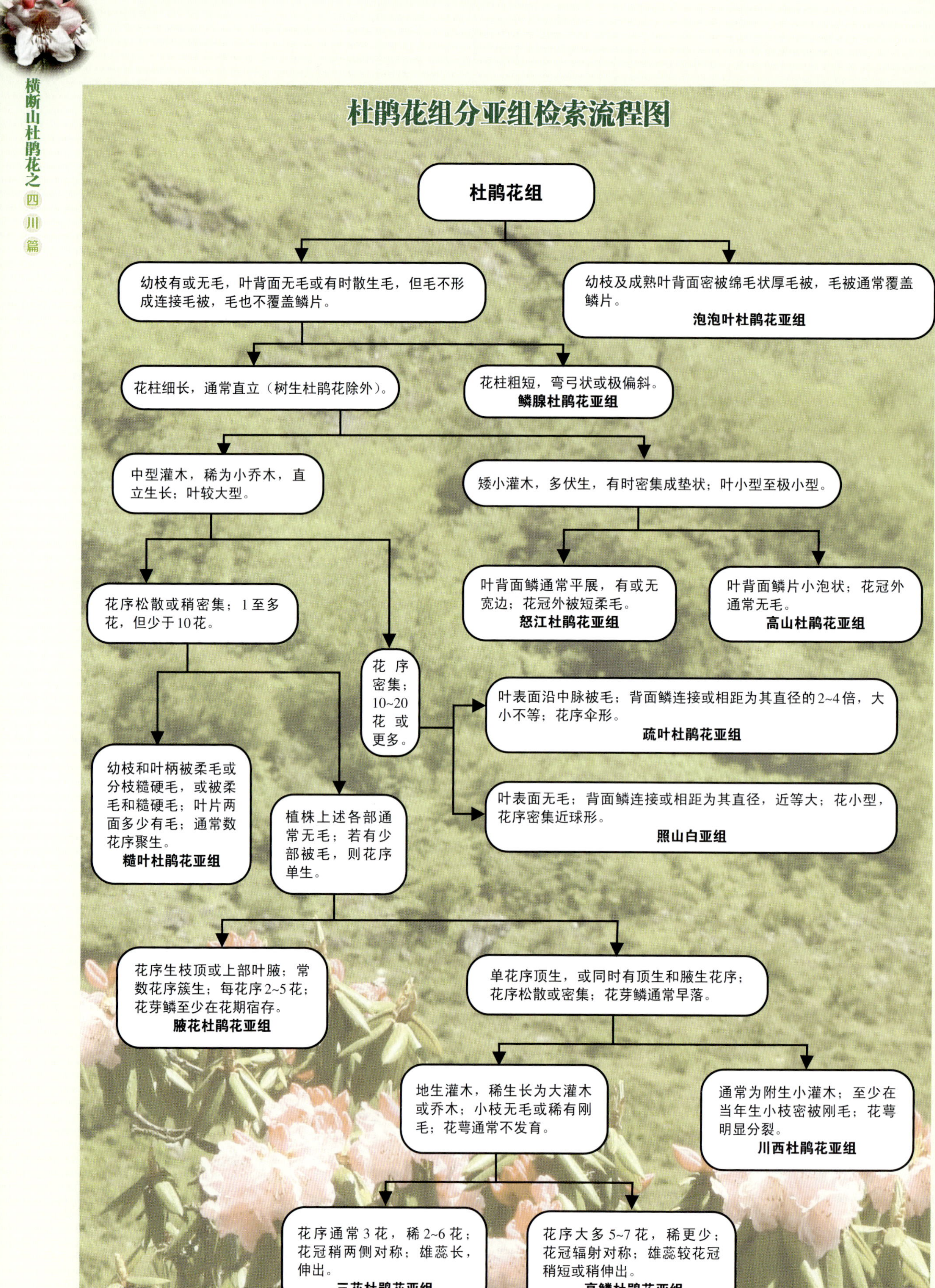
杜鹃花组分亚组检索流程图
杜鹃花组
幼枝有或无毛，叶背面无毛或有时散生毛，但毛不形成连接毛被，毛也不覆盖鳞片。
幼枝及成熟叶背面密被绵毛状厚毛被，毛被通常覆盖鳞片。
泡泡叶杜鹃花亚组
花柱细长，通常直立（树生杜鹃花除外）。
花柱粗短，弯弓状或极偏斜。
鳞腺杜鹃花亚组
中型灌木，稀为小乔木，直立生长；叶较大型。
矮小灌木，多伏生，有时密集成垫状；叶小型至极小型。
叶背面鳞通常平展，有或无宽边；花冠外被短柔毛。
怒江杜鹃花亚组
叶背面鳞片小泡状；花冠外通常无毛。
高山杜鹃花亚组
花序松散或稍密集；1至多花，但少于10花。
花序密集；10~20花或更多。
叶表面沿中脉被毛；背面鳞连接或相距为其直径的2~4倍，大小不等；花序伞形。
疏叶杜鹃花亚组
叶表面无毛；背面鳞连接或相距为其直径，近等大；花小型，花序密集近球形。
照山白亚组
幼枝和叶柄被柔毛或分枝糙硬毛，或被柔毛和糙硬毛；叶片两面多少有毛；通常数花序聚生。
糙叶杜鹃花亚组
植株上述各部通常无毛；若有少部被毛，则花序单生。
花序生枝顶或上部叶腋；常数花序簇生；每花序2~5花；花芽鳞至少在花期宿存。
腋花杜鹃花亚组
单花序顶生，或同时有顶生和腋生花序；花序松散或密集；花芽鳞通常早落。
地生灌木，稀生长为大灌木或乔木；小枝无毛或稀有刚毛；花萼通常不发育。
通常为附生小灌木；至少在当年生小枝密被刚毛；花萼明显分裂。
川西杜鹃花亚组
花序通常3花，稀2~6花；花冠稍两侧对称；雄蕊长，伸出。
三花杜鹃花亚组
花序大多5~7花，稀更少；花冠辐射对称；雄蕊较花冠稍短或稍伸出。
亮鳞杜鹃花亚组

泡泡叶杜鹃花亚组 subsect. Edgeworthia (Hutch.) Sleumer

本书本亚组包含1种杜鹃花，亚组性状描述见种。

泡泡叶杜鹃花 *Rhododendron edgeworthii* Hook. f.

花苞

植株高1~2米，稀更高；通常附生于树干基部或林下苔藓丛。幼枝和叶柄密被深褐色、淡褐色或褐色绵毛状绒毛和鳞；叶柄长1~2.5厘米。叶革质，卵状椭圆形、长圆形或长圆状披针形，长4~15厘米，宽2~6厘米，顶端锐尖或短渐尖，基部近圆形；叶表面由于叶脉下陷而呈泡泡状隆起，幼时疏被卷曲柔毛及散生的黄褐色小鳞片，而后光滑；背面密被锈褐色或淡黄褐色毛被，毛被大多完全遮盖鳞片。花萼大型，淡紫色或淡紫红色，长1.1~1.7厘米，多少被缘毛。花冠钟状或漏斗状钟形，长3.5~6厘米，乳白色，多少带粉红色，基部有或无淡黄色斑，芳香，5裂至中部或中部稍下，管部外面被鳞；雄蕊10，不超出花冠，花丝下部被毛；子房密被绵毛及散生鳞片，花柱与花冠近等长或稍长，基部被黄褐色柔毛和鳞片。蒴果长圆状卵形或近球形，长1~2.2厘米，被鳞和密被黄褐色绵毛。花期4~5月，果期10~11月。

产于四川木里、云南和西藏。生林下苔藓覆盖的树干、树桩及岩石表面，分布在海拔1 800~4 000米。

叶背面

幼叶

花萼

雄蕊　子房和花柱

花冠及其外面鳞片

川西杜鹃花亚组

subsect. Moupinensia Sleumer

常绿小灌木，通常附生。幼枝有鳞片，密生或疏生刚毛，老枝宿存刚毛或无毛。叶革质，边缘反卷，多少有缘毛；叶背面密被相互重叠至相距为其直径的鳞片；叶表面初密被鳞，变无鳞；叶柄被鳞，无毛至密生刚毛。花序顶生，1~3花。花萼发育，5裂，裂片外面被鳞，内面有时被柔毛，无缘毛。花冠白色，淡红或玫红，外面无鳞片，内面有或无深色斑块。雄蕊10，花丝下部被毛。子房密被鳞片，花柱无毛或基部有短柔毛。蒴果长圆形或椭圆形，被鳞，种子有翅或有鳍状物。

本书本亚组包括2种杜鹃花，可以通过以下特征进行区分：

川西杜鹃花亚组

- 叶片较大型，宽1.5~2.5厘米；花柱伸出；花冠长3~4.5厘米；通常白色或白色带粉色。**宝兴杜鹃花**
- 叶片较小型，宽0.4~1厘米；花柱较花冠短；花冠长1.5~2.5厘米；蔷薇红色、粉红色、粉紫色。**树生杜鹃花**

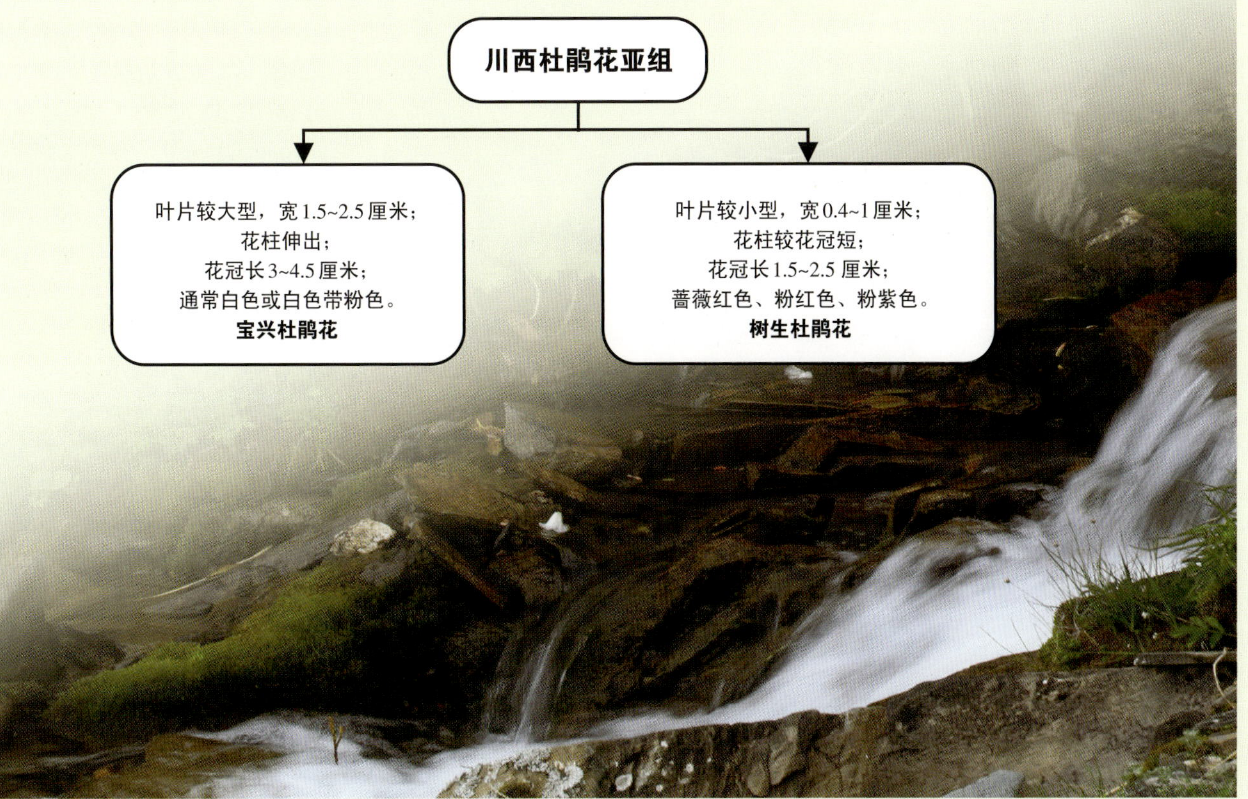

川西杜鹃花亚组 subsect. Moupinensia

宝兴杜鹃花 *Rhododendron moupinense* Franch.

常绿小灌木，有时附生，高1~1.5米；幼枝有鳞片，散生刚毛。叶柄密被褐色鳞，初密被或疏生刚毛，变无毛。叶聚生枝条上部，近假轮生，叶片厚革质，长圆状椭圆形或卵状椭圆形，长2~4（~6）厘米，宽1.2~2.5（~4）厘米。叶表面除中脉近叶基部被褐色短硬毛外，其余无毛，叶背面略灰白色，密被褐色鳞片，鳞片小，略不等大，相距为其直径或相互邻接。花序顶生，1~2花伞形着生；花梗被鳞片，被短柔毛或刚毛，有时近无毛；花萼5裂，下部连合，外面被鳞片，具缘毛；花冠宽漏斗状，长约4厘米，白色或带淡红色，内有红色斑点，基部被柔毛，外面洁净。雄蕊10，短于花冠，花丝下部有开展的白色柔毛。子房5室，密被鳞片，花柱伸出，略长于花冠，洁净。花期4~5月，果期7~10月。

产于四川东南至中西部，生于林下、林中或附生于树上、岩石，海拔1 300~3 000米。

花冠内面毛和斑点

花萼

叶背面鳞片

花苞

花柱基部被毛

子房

川西杜鹃花亚组 subsect. Moupinensia

树生杜鹃花 *Rhododendron dendrocharis* Franch.

常绿小灌木，通常附生于云杉、铁杉、阔叶树上，有时也生林下及苔藓覆盖的岩石表面或悬崖；幼枝有鳞片，密生棕色刚毛。叶芽鳞早落。叶柄长3~6毫米，被鳞片和刚毛；叶厚革质，椭圆形，长0.9~1.8厘米，宽0.3~1厘米，顶端钝，有短尖头，基部宽楔形至钝形，边缘反卷，叶表面幼时有褐色刚毛，后脱落，叶背面密被鳞片，鳞片小，稍不等大，褐色，相距为其直径，叶缘多少被毛。花序顶生，1或2花；花梗长2~5毫米，密被刚毛，有鳞片；花萼5裂，裂片卵形，长2~3毫米，外面疏生鳞片，边缘有长缘毛；花冠宽漏斗状，长1.5~2.5厘米，鲜玫瑰红色，外面无鳞片，无毛，内面筒部有短柔毛，上部有深红色斑点。雄蕊10，不等长，长1.2~1.5厘米，短于花冠，花丝中部以下密被短柔毛。子房5室，密被鳞片，花柱细长，劲直或弯弓状，短于花冠，短于或略长于雄蕊，基部密生短柔毛。蒴果椭圆形或长圆形，长1~1.3厘米。花期4~6月，果期9~10月。

产于四川中南部至中西部，生于乔木树干或林下苔藓覆盖的岩石表面或悬崖，海拔1 200~3 000米。

花萼

花丝

雌蕊

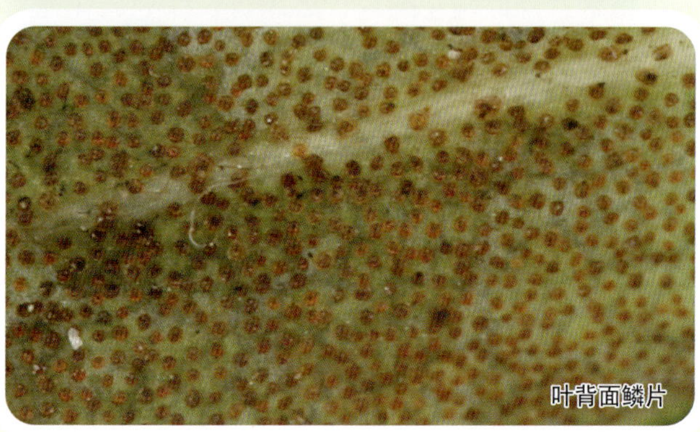

叶背面鳞片

花冠内斑点和毛

三花杜鹃花亚组

subsect. Triflora (Hutch.) Sleumer

常绿，稀半落叶至落叶；幼枝被鳞片，稀被微柔毛、短柔毛或刚毛。叶通常革质，新生叶两面被鳞片，成熟叶表面鳞和毛残存或完全脱落；有时仅沿下凹的中脉宿存毛；叶背面被疏、密及大、小不等的鳞片，鳞相互重叠、邻接至相距为其直径的6~8倍。花序顶生或同时枝顶叶腋生，2~6花，通常3花；花萼不发育，外面密被鳞；花冠漏斗状、宽漏斗状或漏斗状钟形，略两侧对称，外面有或无鳞片，稀有毛。雄蕊10，花丝下部通常有毛。子房密被鳞片，通常无毛，稀有柔毛，花柱无毛或极罕在基部散生毛。蒴果通常长圆形或长圆状卵球形，密被鳞，种子无翅。

本书本亚组包含16种（亚种/变种）杜鹃花。

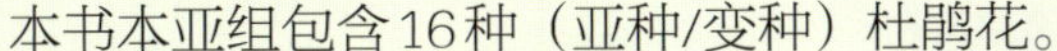

三花杜鹃花亚组分种检索流程图

三花杜鹃花亚组

叶两面无毛，至多叶上面沿中脉有微柔毛。

花冠黄色、乳黄色。

叶下面鳞片密生，相距为其直径或小于直径近于邻接；叶片顶端锐尖、钝形或渐尖；花冠外无毛，或有微柔毛或短柔毛。

花冠外无鳞片；叶较小，长圆形或椭圆形，两端钝或顶端锐尖，长1.5~3厘米，宽1~2厘米。**康南杜鹃花**

花冠外被鳞片；叶革质，椭圆形，卵状披针形或长圆形，顶端渐尖、锐尖或钝，有短尖头，长4~8厘米，宽1.8~3厘米。**问客杜鹃花**

叶下面鳞片疏生，相距为其直径的0.5~6倍；叶片顶端长渐尖或近尾尖；花冠外密被短柔毛。**黄花杜鹃花**

花冠白色、淡红或紫色，不为黄色。

叶下面鳞片密生，相距为其直径或不及或相邻接，稀为其直径的2倍。

花萼短小，但通常发育成不等的5裂，较长者可达4~6毫米。

叶通常卵形、椭圆形，基部钝圆，稀宽楔形，下面灰绿色或褐色，鳞片近等大、扁平、一色；花萼边缘被鳞片，有缘毛或无；花冠外被鳞片，稀无鳞片。**秀雅杜鹃花**

叶通常披针形或长圆状披针形，基部渐狭，稀钝形，下面灰绿色，有深色、散生的大鳞片；花萼有长缘毛；花冠外无鳞片或筒部散生鳞片。**绿点杜鹃花**

花萼短小，通常不发育，环状或波状5裂，长0.5~2毫米。

叶基部钝圆至宽楔形。

叶柄明显有刚毛；幼枝、花梗或萼片边缘有或无刚毛；花冠紫色或深红紫色，长3~4厘米。**紫花杜鹃花**

叶柄或上述各部不被毛；花冠淡紫、淡红或玫瑰红色，长1.2~3厘米。

叶片较大，长1.8~6厘米，宽1.1~3.5厘米；通常两端钝圆，基部有时微凹；叶下面鳞片小至中等大小，不呈下陷状；网脉在两面不显，花冠长1.8~3厘米，外面无鳞片。**山育杜鹃花**

叶片较小，长2~4.5（~7）厘米，宽1~2（~3）厘米；通常顶端钝至锐尖，明显有短尖头；叶下面鳞片小，下陷状；网脉在两面明显；花冠长1.2~2.5厘米，外面疏生鳞片。**硬叶杜鹃花**

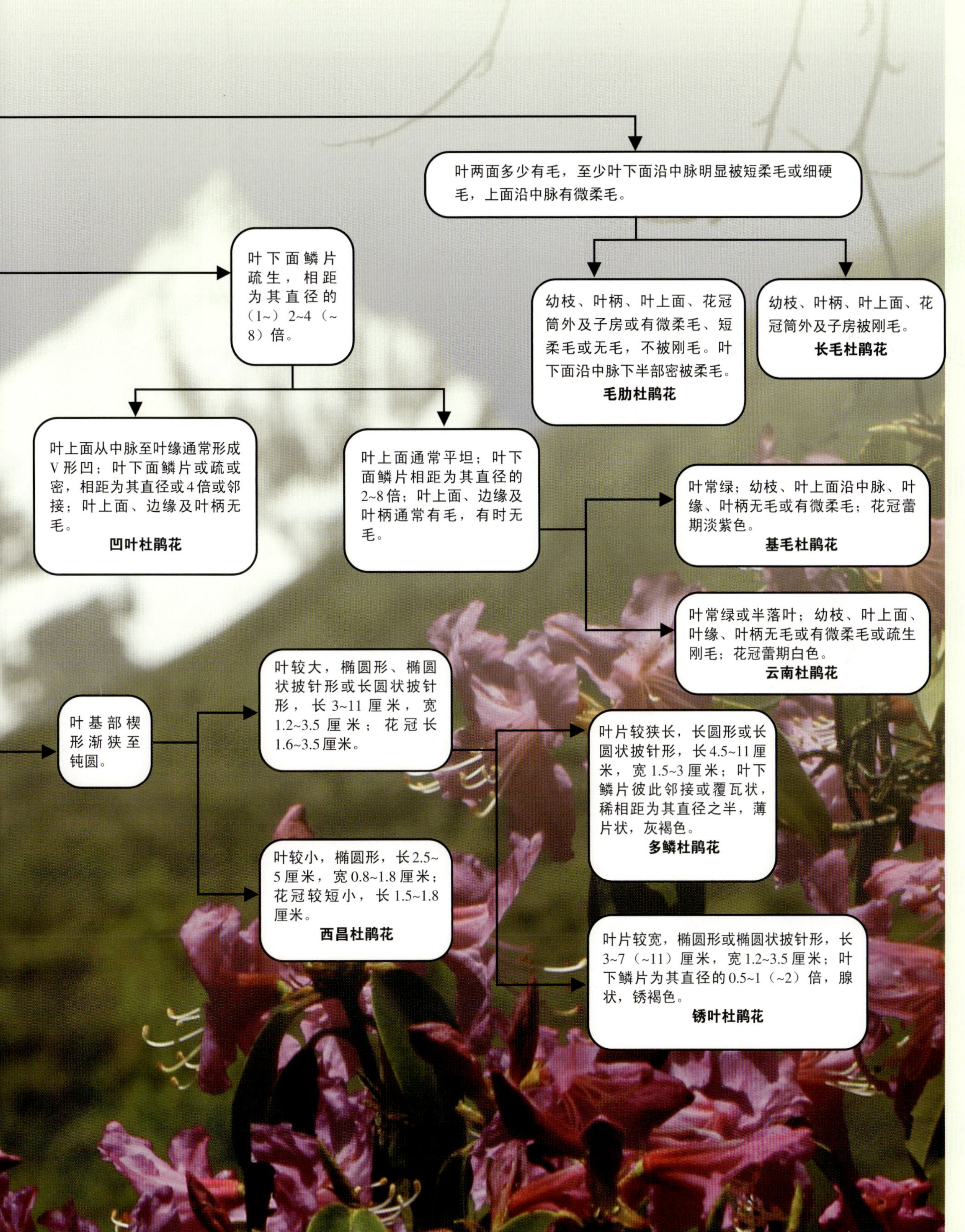
叶两面多少有毛，至少叶下面沿中脉明显被短柔毛或细硬毛，上面沿中脉有微柔毛。
幼枝、叶柄、叶上面、花冠筒外及子房或有微柔毛、短柔毛或无毛，不被刚毛。叶下面沿中脉下半部密被柔毛。
毛肋杜鹃花
幼枝、叶柄、叶上面、花冠筒外及子房被刚毛。
长毛杜鹃花
叶下面鳞片疏生，相距为其直径的（1~）2~4（~8）倍。
叶上面从中脉至叶缘通常形成V形凹；叶下面鳞片或疏或密，相距为其直径或4倍或邻接；叶上面、边缘及叶柄无毛。
凹叶杜鹃花
叶上面通常平坦；叶下面鳞片相距为其直径的2~8倍；叶上面、边缘及叶柄通常有毛，有时无毛。
叶常绿；幼枝、叶上面沿中脉、叶缘、叶柄无毛或有微柔毛；花冠蕾期淡紫色。
基毛杜鹃花
叶常绿或半落叶；幼枝、叶上面、叶缘、叶柄无毛或有微柔毛或疏生刚毛；花冠蕾期白色。
云南杜鹃花
叶基部楔形渐狭至钝圆。
叶较大，椭圆形、椭圆状披针形或长圆状披针形，长3~11厘米，宽1.2~3.5厘米；花冠长1.6~3.5厘米。
叶片较狭长，长圆形或长圆状披针形，长4.5~11厘米，宽1.5~3厘米；叶下鳞片彼此邻接或覆瓦状，稀相距为其直径之半，薄片状，灰褐色。
多鳞杜鹃花
叶较小，椭圆形，长2.5~5厘米，宽0.8~1.8厘米；花冠较短小，长1.5~1.8厘米。
西昌杜鹃花
叶片较宽，椭圆形或椭圆状披针形，长3~7（~11）厘米，宽1.2~3.5厘米；叶下鳞片为其直径的0.5~1（~2）倍，腺状，锈褐色。
锈叶杜鹃花

三花杜鹃花亚组 subsect. Triflora

长毛杜鹃花 *Rhododendron trichanthum* Rehd.

幼枝

幼果

叶背面鳞片和毛

子房

花萼

灌木，高1~3米；幼枝和叶柄被鳞片，密生刚毛及短柔毛。叶柄长0.4~1厘米；叶长圆状披针形或卵状披针形，长4~11厘米，宽1.5~3.5厘米；叶表面疏生鳞片，初密被毛，毛部分脱落至变无毛；叶背面鳞片不等大，黄褐色，相距为其直径的1~4倍，被细刚毛和短柔毛，中脉上更密集。花序顶生，2~3花；花梗有鳞片，密被毛；花萼长0.5~2毫米，有鳞片，背面和边缘密被柔毛；花冠宽漏斗状，长2.5~3.5厘米，浅紫、蔷薇红色或白色，外面有鳞片，筒部有刚毛。雄蕊不等长，长雄蕊伸出花冠外，花丝下部密被短柔毛。子房密被鳞片和毛，花柱细长，伸出花冠外，洁净，稀基部有微毛。蒴果长圆形，生鳞片和粗毛，稀无毛。花期5~6月，果期9~10月。

产于四川西部，生于灌丛和林内，海拔1 600~3 650米。

三花杜鹃花亚组 subsect. Triflora

毛肋杜鹃花 *Rhododendron augustinii* Hemsl.

子房

花萼

灌木，高1~3米；幼枝被鳞片，密被柔毛或长硬毛。叶椭圆形、长圆形或长圆状披针形，长3~10厘米，宽1~4厘米；叶表面疏生或密被鳞片或无鳞片，或疏或密被短柔毛，通常于中脉毛更密，叶背面密被不等大的鳞片，相距为其直径或1~5倍或小于直径，沿中脉主要在下半部密被黄白色柔毛，毛被通常延伸至叶柄，其余部分无毛。花序2~6花，花梗疏生鳞片，通常被疏柔毛或近无毛；花萼密被毛或近无毛，通常有缘毛；花冠宽漏斗状，略两侧对称，长3~3.5厘米，淡紫色或白色，5裂至中部，裂片长圆形，外面疏生或密生腺鳞或无，通常无毛或近基部被短柔毛。雄蕊不等长，长2.5~3.5厘米，长伸出，花丝下部密被长柔毛。子房密被鳞片，花柱细长，长伸出花冠外，近基部被柔毛或无毛。蒴果长圆形，密被鳞片。花期4~5月，果期9~10月。

叶表面鳞片

产于四川中至东部，生于林中、林缘、杜鹃花灌丛，海拔1 000~3 500米。

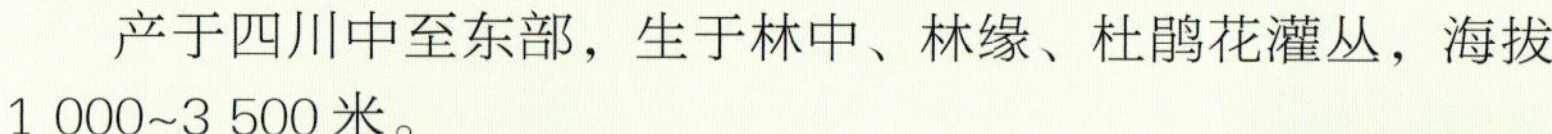

花冠内毛和斑点

叶背面鳞片

幼枝

三花杜鹃花亚组 subsect. Triflora

黄花杜鹃花 *Rhododendron lutescens* Franch.

灌木，高1~3米；幼枝疏生鳞片。叶柄长5~9毫米，疏生鳞片；叶片纸质，披针形、长圆状披针形或卵状披针形，长4~9厘米，宽1.5~2.5厘米，顶端长渐尖或近尾尖，具短尖头，基部圆形或宽楔形，叶表面疏生鳞片，叶背面鳞片黄色或褐色，相距为其直径的0.5~6倍。花1~3朵顶生或生枝顶叶腋；花梗长0.4~1.5厘米，被鳞片；花萼不发育，长0.5~1毫米，波状5裂或环状，密被鳞片，无缘毛或偶有缘毛；花冠宽漏斗状，长2~4厘米，黄色，5裂至中部，裂片长圆形，外面疏生鳞片，密被短柔毛。雄蕊不等长，长雄蕊伸出花冠很长，长雄蕊花丝毛少，短雄蕊花丝基部密被柔毛。子房5室，密被鳞片，先端被柔毛，花柱仅基部被短毛或无毛。蒴果圆柱形，长约1厘米。花期3~5月，果期9~11月。

产于四川西部和西南部，生于混交林、林缘或灌丛，海拔1 700~2 800米。

花冠外毛

花萼

叶背面鳞片

三花杜鹃花亚组　subsect. Triflora

康南杜鹃花　*Rhododendron wongii* Hemsl. et Wils.

灌木，高0.6~2米。幼枝和叶柄密被鳞片。叶革质，长圆形、椭圆形或长圆状椭圆形，长1.5~3厘米，宽1~2厘米，两端钝或圆，或顶端锐尖，有小短尖头，叶表面暗绿或浅绿，有鳞片，边缘反卷，叶背面微灰白色或淡绿色，密被鳞片，鳞片大或中等大，淡褐色或深褐色，近于邻接或相距为其直径或直径之半。花序顶生，3~4花；花梗长0.4~1厘米，有鳞片；花萼小，长0.5~1毫米，5裂，被鳞片，有或无缘毛；花冠漏斗状，长1.6~2.5厘米，乳黄色或黄色，外面无鳞片，基部无或有微柔毛。雄蕊不等长，伸出花冠外，长1.5~2厘米，花丝下半部有柔毛；子房5室，密被鳞片，花柱细长，长伸出花冠外，洁净或基部有微毛。蒴果长圆形，长0.8~1厘米。花期4~6月，果期9~10月。

产于四川西部，生于灌丛或林地，海拔2 500~3 650米。

三花杜鹃花亚组 subsect. Triflora

问客杜鹃花 *Rhododendron ambiguum* Hemsl.

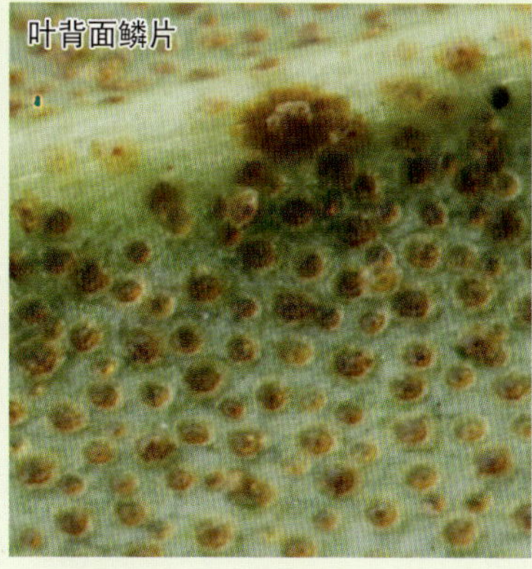

常绿灌木，高1~3米。幼枝细长，密被腺体状鳞片。叶革质，椭圆形，卵状披针形或长圆形，长4~8厘米，宽1.5~3厘米，顶端渐尖、锐尖或钝，有短尖头，基部宽楔形至钝形，叶表面被鳞片，幼叶中脉被毛或无毛，叶背面灰绿色，被黄褐色或褐色鳞片，鳞片不等大，相距为其直径或小于直径。花序顶生，稀同时腋生枝顶，3~4花；花序轴2~4毫米；花梗长0.5~1厘米，被鳞片；花萼长0.5~1毫米，环状或波状浅裂，被鳞片；花冠黄色、淡黄色或淡绿黄色，内面有黄绿色斑点和微柔毛，宽漏斗状，长3~3.5厘米，外面被鳞片。雄蕊不等长，长1.8~4.5厘米，花丝下部密被短柔毛。子房5室，密被鳞片，花柱细长，伸出花冠外，洁净。蒴果长圆形，长0.6~1.5厘米。花期4~6月，果期9~11月。

产于四川中部及西部。生于林缘、林中或杜鹃花灌丛，海拔1 800~3 000米。

三花杜鹃花亚组 subsect. Triflora

凹叶杜鹃花 *Rhododendron davidsonianum* Rehd. et Wils.

花萼

叶背面鳞片

叶表面鳞片

花冠内毛和斑点

灌木，高1~3米；幼枝被鳞片，无毛或有微柔毛。叶披针形或长圆形，长2.5~8厘米，宽1~3厘米，顶端锐尖，有短尖头，基部渐狭或钝，叶表面暗绿或鲜绿，疏生鳞片，无毛或沿中脉有微毛，叶背面密被褐色、黄褐色或淡褐色鳞片，鳞片不等大，相距为其直径1~2倍；叶柄长3~5毫米，有鳞片有微毛。花序顶生或同时枝顶腋生，3~6花；花序轴长2~4毫米；花梗长1~1.5厘米，疏生鳞片，有时有微毛；花萼不发育，环状或5裂，长0.5~1毫米，被鳞片，无缘毛或有缘毛；花冠宽漏斗状，长2.5~4.5厘米，淡紫白色或玫瑰红色，内面有红色、黄色或褐黄色斑点，外面多少被鳞片。雄蕊不等长，长雄蕊伸出花冠外，花丝下部有短柔毛。子房5室，密被鳞片，花柱细长，伸出花冠外，洁净或基部被毛。蒴果长圆形，长1~1.3厘米。花期4~5月，果期9~10月。

产于四川西南或西北部。生于灌丛、林间空地或针叶林，海拔1 500~3 200米。

三花杜鹃花亚组　subsect. Triflora

基毛杜鹃花　*Rhododendron rigidum* Franch.

常绿灌木，高1~3米。幼枝无鳞片或疏生鳞片，无毛或有微柔毛，老枝光滑。叶椭圆形，长圆状椭圆形、长圆状披针形或倒披针形，长2.5~8厘米，宽1~4厘米，顶端钝、锐尖、短渐尖或圆，有短尖头，基部渐狭或钝圆，叶表面褐绿色，无鳞片或疏生鳞片，无毛或沿中脉被微毛，叶背面灰绿色，疏生鳞片，鳞片不等大，相距为其直径的4~8倍，金黄色或黄褐色；叶柄长2~12毫米，无鳞片或疏生鳞片，无毛或稀有微毛。花序顶生或同时枝顶腋生，2~6花，短总状；花序轴长2~4毫米；花梗长0.5~2厘米，无鳞片或疏生鳞片；花萼环状或5裂，长0.5~1毫米，无鳞片或被鳞片，无缘毛或稀有微毛；花冠宽漏斗状，略呈两侧对称，长1.8~3厘米，初始淡紫色，开放后白色、淡红或深红紫色，内面有绿褐色或紫色斑点，外面无鳞片或稀有鳞片。雄蕊不等长，长雄蕊伸出花冠外，花丝基部密被短柔毛；子房5室，密被鳞片，稀顶部有微柔毛，花柱细长，伸出花冠外，洁净。蒴果长圆形，长0.8~1厘米。花期5~6月，果期9~11月。

产于四川西南部、云南中部至西北部，生于灌丛或林缘，海拔2 000~3 400米。

三花杜鹃花亚组　subsect. Triflora

云南杜鹃花　*Rhododendron yunnanense* Franch.

常绿或半常绿灌木，高2~4米。幼枝疏生鳞片，无毛或有微柔毛，老枝光滑。叶片薄革质或近纸质，长圆形、披针形，长圆状披针形或倒卵形，长2~9厘米，宽0.8~3厘米，先端渐尖或锐尖，有短尖头，基部渐狭成楔形，叶表面无鳞片或疏生鳞片，无毛或沿中脉被微柔毛，偶或叶面全有微柔毛并疏生刚毛，叶背面淡绿或灰绿色，疏生鳞片，相距为其直径的2~6倍，边缘无或疏生刚毛；叶柄长3~7毫米，疏生鳞片，被短柔毛或有时疏生刚毛。花序顶生或同时枝顶腋生，3~6花，伞形着生或成短总状，花萼环状或5裂，裂片长0.5~1毫米，疏生鳞片或无鳞片，无缘毛或疏生缘毛；花冠宽漏斗状，长1.8~3.5厘米，白色、淡红色或淡紫色，内面有红、褐红、黄或黄绿色斑点，外面无鳞片或疏生鳞片。雄蕊不等长，长雄蕊伸出花冠外，花丝下部或多或少被短柔毛。子房5室，密被鳞片，花柱伸出花冠外，洁净。蒴果长圆形，长0.6~2厘米。花期4~6月，果期9~11月。

产于陕西南部、四川西部、贵州西部、云南、西藏东南部，生于混交林、杜鹃花灌丛，海拔2 200~3 600米。

叶表面鳞片

子房

叶背面鳞片

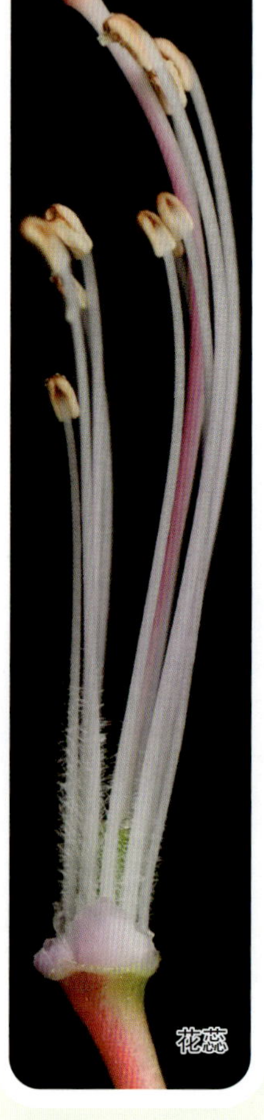
花蕊

花冠

三花杜鹃花亚组 subsect. Triflora

绿点杜鹃花 *Rhododendron searsiae* Rehd. et Wils.

灌木，高1.5~2.5米。幼枝密生鳞片。叶薄革质，披针形、长圆状披针形或倒披针形，稀长圆状椭圆形，长2~8厘米，宽1~3厘米，顶端渐尖或锐尖，有短尖头，基部渐狭或钝，叶表面深绿或浅绿，疏生鳞片，中脉有微柔毛或无毛，叶背面灰绿色或淡绿色，密被鳞片，鳞片不等大，黄褐色，相距为其直径或直径之半，深色者较大型，疏离，浅色鳞小型，密集；叶柄长0.3~1厘米，密被鳞片。花序顶生，稀近等生，4~8花，短总状；花序轴长3~6毫米；花梗长0.5~1.6厘米，密被鳞片；花萼不明显或发育，5裂，裂片不等，长0.5~4毫米，裂片长圆形或椭圆形，通常有2片较长，有长缘毛。花冠阔漏斗状钟形，长2.5~3.5厘米，淡红紫色，内面有深色斑点，外面无鳞片或筒部有鳞片。雄蕊伸出花冠外，花丝下部密被短柔毛。子房5室，密被鳞片，花柱细长，无鳞片，无毛，稀基部有微毛。蒴果长圆形，长1~1.4厘米。花期5~6月，果期9~11月。

产于四川中西和中南部，生于灌丛或林内，海拔2 300~3 000米。

花萼

子房

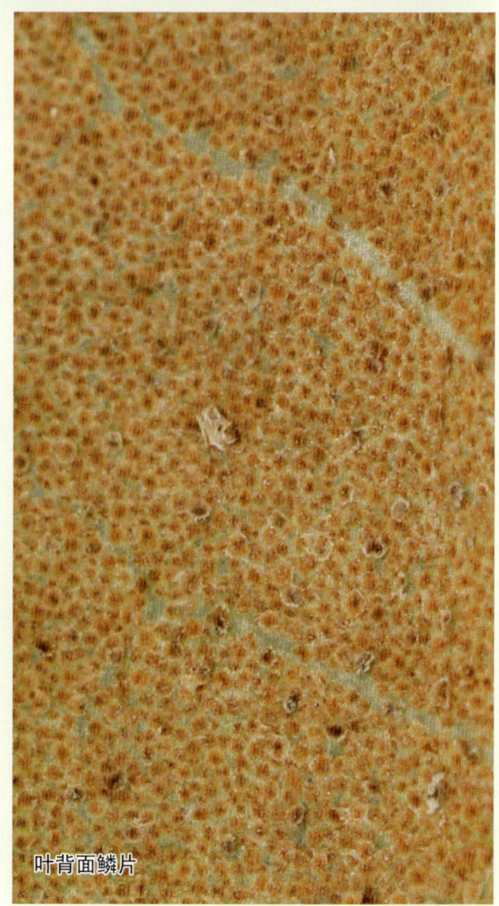
叶背面鳞片

三花杜鹃花亚组　subsect. Triflora

秀雅杜鹃花　*Rhododendron concinnum* Hemsl.

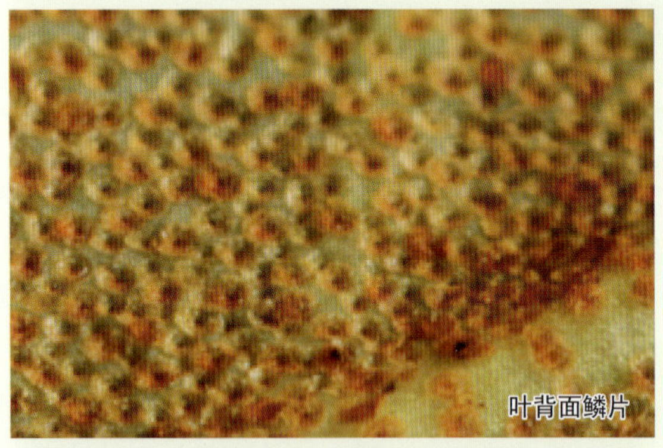
叶背面鳞片

叶表面鳞片

灌木，高1~3米。幼枝被鳞片。叶长圆形、椭圆形、卵形、长圆状披针形或卵状披针形，长2.5~8厘米，宽1.5~3.5厘米，顶端锐尖、钝尖或短渐尖，明显有短尖头，基部钝圆或宽楔形，叶表面或多或少被鳞片，沿中脉被微柔毛或具被毛痕迹，叶背面粉绿或褐色，密被鳞片，鳞片略不等大，具阔边，相距为其直径的0.5~2倍；叶柄长0.5~1.3厘米，密被鳞片。花序伞形，2~5花；花梗长1~2厘米，密被鳞片；花萼不明显，边缘波状或又不明显5小齿裂，外面被鳞，无缘毛或有缘毛；花冠宽漏斗状，长1.5~3.5厘米，紫红色、淡紫或深紫色，内面有或无褐红色斑点，外面或多或少被鳞片或无鳞片，管内无毛或至基部疏被短柔毛。雄蕊不等长，近与花冠等长，花丝下部被疏柔毛。子房5室，密被鳞片，花柱细长，洁净，稀基部有微毛，略伸出花冠。蒴果长圆形，长1~1.5厘米。花期4~6月，果期9~10月。

产于陕西、河南、湖北、四川、贵州、云南东北部，生于山坡灌丛、冷杉林、杜鹃花林，海拔2 300~3 500米。

花冠内毛

花萼

三花杜鹃花亚组　subsect. Triflora

紫花杜鹃花　*Rhododendron amesiae* Rehd. et Wils.

叶背面鳞片

叶表面鳞片

花序轴

灌木，高1~2米。幼枝密被腺体状鳞片，通常被细刚毛。叶革质，卵形，卵状椭圆形或椭圆状长圆形，长3~8厘米，宽1.5~3.5厘米，顶端锐尖，具短尖头，基部圆形至宽楔形，叶表面暗绿色，有疏鳞片，沿中脉有短柔毛，叶背面淡绿色，密被鳞片，鳞片不等大，黄褐色或褐色，相距为其直径的0.5~1倍；叶柄长5~10毫米，被鳞片和刚毛。花序顶生，2~5花，短总状；花序轴和花梗被鳞片，有或无刚毛；花萼长0.5~1毫米，裂片不明显，密被鳞片，有或无缘毛；花冠宽漏斗状钟形，长3~4厘米，紫色或深红紫色，内面有深色斑点，外面疏生鳞片，无毛或花冠筒部有柔毛。雄蕊伸出花冠外，花丝下部被短柔毛。子房5室，密被鳞片，花柱细长，洁净。蒴果长圆形，长1.2~1.8厘米。花期5~6月，果期9~11月。

产于四川西部和西北部，生于林中河杜鹃花灌丛，海拔2 200~3 000米。

三花杜鹃花亚组 subsect. Triflora

山育杜鹃花 *Rhododendron oreotrephes* W. W. Smith

子房

常绿灌木或有时生长为小乔木，高2~5米。幼枝紫红色，疏生鳞片，无毛或有微柔毛。叶片椭圆形、长圆形或卵形，长2~8厘米，宽1.5~4厘米，顶端钝圆，具短尖头，基部钝圆，有时微凹，稀宽楔形，新生叶表面带蓝绿色，无鳞片，叶背面粉绿色或褐色，密被黄褐色或褐色鳞片，鳞片近等大，小至中等大小，相距小于直径至近邻接；叶柄长0.7~1.3厘米，粉紫色，疏被鳞片，有时有微毛。花序顶生或近顶生，短总状，3~5花；花序轴长约2毫米；花梗长0.5~2厘米，紫红色，疏生鳞片；花萼长约1.5毫米，波状5裂或近于环状；花冠宽漏斗状，长1.5~3厘米，淡紫、淡红或深紫红色，5裂至近中部，外面洁净。雄蕊与花冠等长或略长，花丝基部散生柔毛；子房5室，密被鳞片，花柱光滑。蒴果圆柱形，长1~1.5厘米。花期5~7月。

产于四川西南部、云南西北及东北部、西藏东南部，生于混交林、云杉林林缘和杜鹃花灌丛，海拔2 500~3 700米。

幼枝

叶背面鳞片

叶表面鳞片

三花杜鹃花亚组 subsect. Triflora

硬叶杜鹃花 *Rhododendron tatsienense* Franch.

灌木，高0.5~3米。幼枝暗紫红色，或疏或密被鳞片，无毛或稀有微柔毛。叶椭圆形、长圆状椭圆形或椭圆状披针形，长2~7厘米，宽1~3厘米，顶端钝或锐尖，明显具短尖头，基部钝圆或宽楔形，成熟叶表面密被或疏被小鳞片，叶背面密被小鳞片，鳞片略不等大，褐色，相距为其直径0.5~1倍；叶柄长4~8毫米，疏被鳞片。花序顶生或同时枝顶腋生，短总状，2~4花；花序轴长2~3毫米；花梗长2~6（~10）毫米，密被鳞片；花萼环状或波状浅裂，长0.5~1毫米，密被鳞片，无缘毛，稀边缘有长睫毛；花冠小型，宽漏斗状钟形，长1~2.5厘米，淡红色或玫瑰红色，外面被鳞和柔毛，内面具红色斑点，或有时无斑点。雄蕊长过花冠，花丝基部密被短柔毛；子房5室，密被鳞片，花柱伸出花冠，无毛。蒴果长圆形，长0.7~1.4厘米，被鳞。花期4~6月，果期9~11月。

产于四川北部及西南部、云南西北部、东北部，生于针叶林、混交林或杜鹃花灌丛，海拔2 300~3 600米。

花冠
花萼
叶表面鳞片
叶背面鳞片
雌蕊和雄蕊

三花杜鹃花亚组 subsect. Triflora

西昌杜鹃花 *Rhododendron xichangense* Z. J. Zhao

常绿小灌木，高1~2米。幼枝密被鳞片。叶革质，长圆状椭圆形或长圆状披针形，长2.5~5厘米，宽1.5~2厘米，顶端锐尖，基部楔形，成熟叶表面深绿色，无或疏生鳞片，叶背面密被深浅不同的褐色鳞片，鳞片相距为其直径的0.5~1倍，具宽边。花序2~3顶生，每花序有2~5花，伞形着生；花梗淡紫色，长0.5~1厘米，密被鳞片；花萼长1~1.5毫米，环状，基部有鳞片，边缘有微柔毛；花冠长1.5~2厘米，白色或粉红色，内面无斑点，外面无鳞。雄蕊10，不等长，伸出花冠，花丝无毛或仅下部有微毛。子房密被鳞片，花柱伸出花冠，洁净。花期3~4月，果期未知。

产于四川，生于灌丛，海拔2 200米。

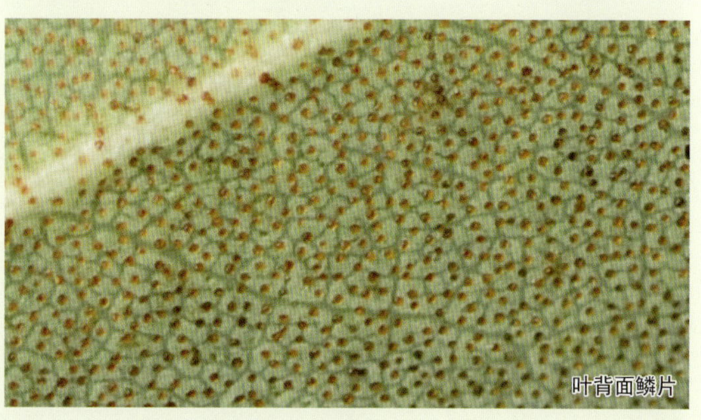
叶背面鳞片

幼枝

三花杜鹃花亚组 subsect. Triflora

多鳞杜鹃花 *Rhododendron polylepis* Franch.

常绿灌木或小乔木，高1~6米。幼枝细长，密被鳞片。叶革质，长圆形或长圆状披针形，长5~12厘米，宽1~3厘米，顶端锐尖或短渐尖，基部楔形或宽楔形，幼叶表面密被鳞片，成熟叶近于无鳞片，叶背面密被鳞片，大小不等，较大型鳞片褐色，散生，较小型鳞片淡黄褐色，重叠或邻接；叶柄长0.5~1厘米，密被鳞片。花序顶生或稀腋生和鼎盛，3~5花，伞形着生或短总状；花序轴长约2毫米；花梗长1~2厘米，带红色，密被鳞片；花萼长1~2毫米，裂片三角形或波状，密被鳞片，有或无缘毛；花冠宽漏斗状钟形，长2~3.5厘米，淡紫红或深紫红色，内面无斑点或上方裂片具淡黄褐色或紫红色斑点，外面密生或散生鳞片。雄蕊伸出花冠外，花丝基部被毛。子房5室，密被鳞片，花柱细长，长伸出花冠外，洁净。蒴果长圆形或圆锥状，长0.8~1.7厘米。花期4~5月，果期9~10月。

产于甘肃南部、四川北部至西南部，生于林中河杜鹃花灌丛，海拔1 500~3 300米。

花萼

叶背面鳞片

三花杜鹃花亚组 subsect. Triflora

锈叶杜鹃花 *Rhododendron siderophyllum* Franch.

常绿灌木，高1~3米。幼枝密被鳞片。叶片椭圆形或椭圆状披针形，长3~7（~11）厘米，宽1.5~3.5厘米，顶端渐尖、锐尖或近于钝形，基部楔形渐狭至钝圆，成熟叶表面密被下陷的小鳞片，无毛或有时沿中脉被柔毛，叶背面带白绿色、淡灰绿色或淡绿色，密被褐色鳞片，鳞片近等大，相距为其直径的0.5~2倍；叶柄长0.5~1.5厘米，密被鳞片。花序顶生或近顶生，短总状，3~5花；花序轴2~4毫米；花梗长0.3~1.3厘米，被鳞片；花萼不发育，环状或略呈波状5裂，密被鳞片，无缘毛或有长睫毛；花冠筒状漏斗形，长1.5~3厘米，白、淡红、淡紫或偶见玫红色，内面具黄绿色、淡红色或杏黄色斑或无斑，外面无鳞片或裂片上疏生鳞片。雄蕊不等长，花丝基部被短柔毛或近无毛。子房5室，密被鳞片，花柱较花冠长，无毛，稀基部有短柔毛。蒴果长圆形，长1~1.6厘米。花期4~6月，果期9~10月。

产于四川西南部、贵州、云南，生于针叶林、杜鹃花灌丛，海拔1 500~3 200米。

叶背面鳞片

子房

花萼

亮鳞杜鹃花亚组

subsect. Heliolepida (Hutch.) Sleumer

常绿灌木或小乔木，幼枝有鳞片，无毛或有微毛。叶芳香，叶片形状和大小多变，通常卵圆形、长圆形、卵圆状披针形、椭圆状披针形、披针形、长圆状披针形、椭圆形，长1.5~14厘米，宽0.9~4.6厘米；叶背面鳞片被或疏生，鳞较大型。花序顶生，短总状伞形，2~9花；花萼不发育至明显，边缘环形、波状或具明显5裂，外面被鳞，通常无毛；花冠宽漏斗状、漏斗状或漏斗状钟形，花色变化，但无红色或黄色，基部有或无更深色斑块或斑点，外面明显有鳞片。雄蕊10，不等长，伸出或较花冠稍短或近等长，花丝至少在基部被毛。子房密被鳞片，花柱细长，劲直，无鳞片，无毛或基部有短柔毛。蒴果长圆形，密被鳞。种子无翅或有不明显鳍状物。

本亚组包括3种杜鹃花，可以通过一下特征进行辨别：

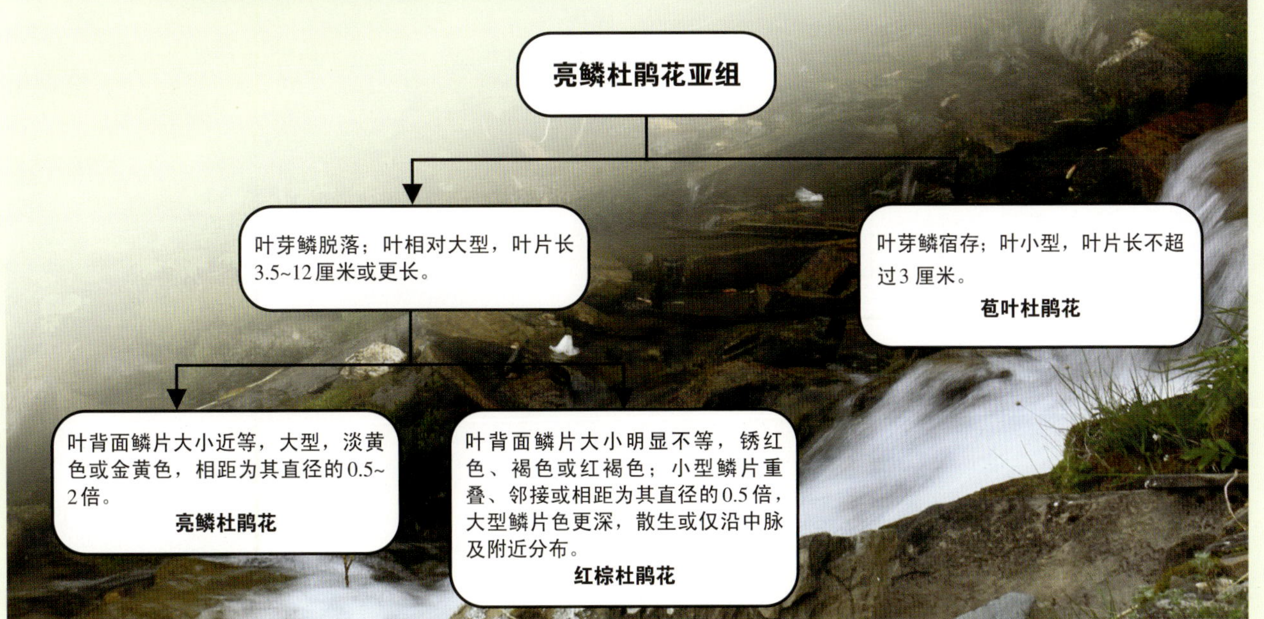

亮鳞杜鹃花亚组 subsect. Heliolepida

苞叶杜鹃花 *Rhododendron bracteatum* Rehd. et Wils.

常绿小灌木。幼枝细瘦，被鳞片和微柔毛，有宿存的叶芽鳞。叶片薄革质，浓香，小型，长1.3~5厘米，宽1~2.5厘米，卵圆形或近长圆形，基部阔楔形或圆形，背面淡褐色或淡黄色，鳞片金黄色，盘状，相距为其直径的1~4倍，大小相等；成熟叶表面被鳞片。花序顶生，伞形，3~6花。花梗长1.5~2.5厘米，散生鳞片。花萼5裂，裂片卵形或三角状，疏生鳞片，有或无缘毛。花冠宽漏斗状、漏斗状钟形或钟状，长1.5~2.5厘米，白色或淡紫、淡红色，内面基部有或无深红色斑块，外面疏生或无毛，被鳞片，管部内面被柔毛。雄蕊10，较花冠稍短或近等长，花丝下部被柔毛。子房先端被柔毛，花柱细长，与花冠等长或略短。果圆柱形。花期5~7月，果期8~9月。

产于四川西北部，生于疏林和灌木，海拔2 600~3 500米。

花萼和花冠
幼枝和叶芽鳞
叶背面鳞片
雌蕊
雄蕊

亮鳞杜鹃花亚组 subsect. Heliolepida

亮鳞杜鹃花 *Rhododendron heliolepis* Franch.

常绿灌木，高2~5米。幼枝和叶柄被鳞片，叶柄长0.5~1.5厘米。叶薄革质或近纸质，浓香，长圆状椭圆形、椭圆形或椭圆状披针形，长5~12.5厘米，宽1.5~4厘米；叶表面深绿色或褐绿色，幼时密被鳞片，以后渐疏，叶背面淡褐色或淡黄绿色，鳞片近等大，淡黄褐色或黄褐色，鳞片近邻接或相距为其直径的1~3倍；花序顶生，伞形，4~10朵花。花梗细长，长1~3厘米，密被鳞片；花萼小，长约2毫米，外面密生鳞片，边缘被睫毛；花冠钟形或漏斗状钟形，长2.5~3.5厘米，粉红色、淡紫红色或偶为白色，内有紫红色斑，外面疏被或密被鳞片，基部有或无毛。雄蕊10，不等长，通常不超出花冠，花丝下半部有密而长的粗毛。子房5（~6）室，有密鳞片；花柱短于雄蕊或与之等长，稀略长于长雄蕊，下部有柔毛或无毛。蒴果长圆形，长1~1.5厘米。花期5~6月，果期10月。

产于四川西南，生于混交林、针叶林和杜鹃花灌丛，海拔3 000~3 700米。

叶背面鳞片

叶表面鳞片

亮鳞杜鹃花亚组　subsect. Heliolepida

红棕杜鹃花　*Rhododendron rubiginosum* Franch.

常绿灌木，高1~3米。幼枝紫红色，有鳞片。叶片椭圆形、椭圆状披针形或长圆状卵形，长3~10厘米，宽1.3~3.5厘米，顶端通常渐尖，有时锐尖，基部楔形、宽楔形以至钝圆；叶表面密被鳞片，以后渐疏，背面密被锈红色鳞片，大小不等，大鳞片色较深，褐红色或黑褐色，散生但常密生于中脉两侧，小鳞片覆瓦状排列或相距为其直径之半；叶柄长0.5~1.5厘米，密生鳞片。花序顶生，5~10花，伞形着生；花梗长1~2.5厘米，密被鳞片；花萼短小，边缘状或浅5圆裂，外面被鳞；花冠宽漏斗状钟形，长2.5~3.5厘米，淡紫色、紫红色、玫瑰红色、淡红色，内有紫红色或红色斑点，外面被疏散的鳞片，管部内面被柔毛。雄蕊10，最长雄蕊伸出花冠，花丝下部被短柔毛。子房密被鳞片；花柱长过雄蕊，无毛。蒴果长圆形，长1~2厘米。花期4~6月，果期9~11月。

产于四川、云南、西藏，生于杜鹃花灌丛、云杉林和山坡灌丛，海拔2 400~3 600米。

花萼

叶表面鳞片

叶背面鳞片

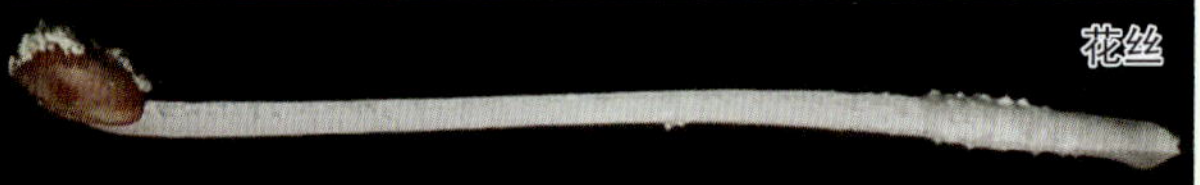

花丝

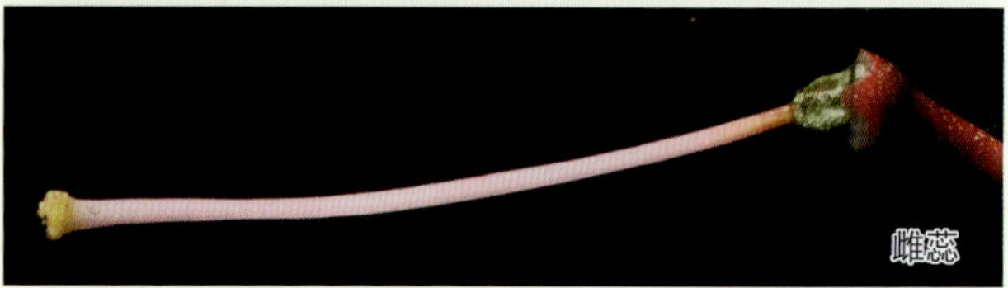

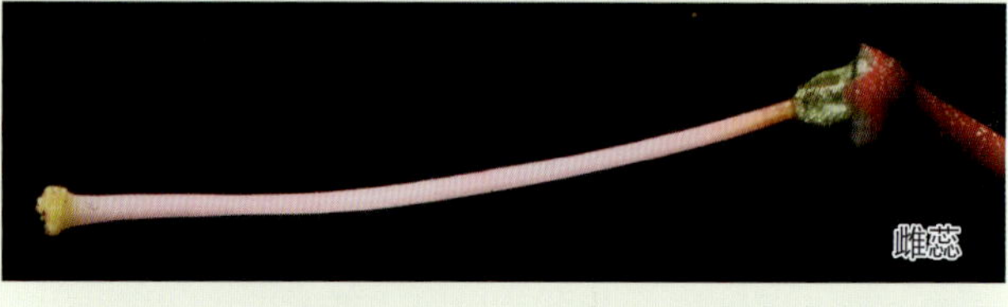

雌蕊

花解剖图

幼枝和幼叶

高山杜鹃花亚组

subsect. Lapponica (Balf. f.) Sleumer

矮小常绿灌木，稀生长为中小型，通常丛生；叶芽鳞早落，小枝短而密集，幼枝密被鳞，有时具毛。叶小型，稀叶片长达3~7厘米，通常芳香，叶背面鳞片密集或稍有间距。花序顶生、稀顶生和腋生，1至数朵花组成伞形总状花序；花梗短；花萼明显5裂；花冠漏斗状，花以紫色为主，稀白色和黄色。雄蕊5~10，通常直立。子房5室，被鳞片，有时在近基部或上部形成明显的柔毛环带，花柱伸出或较花冠短，被毛变化。蒴果短小，种子无翅，有不明显的鳍状物。

本书本亚组包含20种（亚种/变种）杜鹃花。

高山杜鹃花亚组分种检索流程图

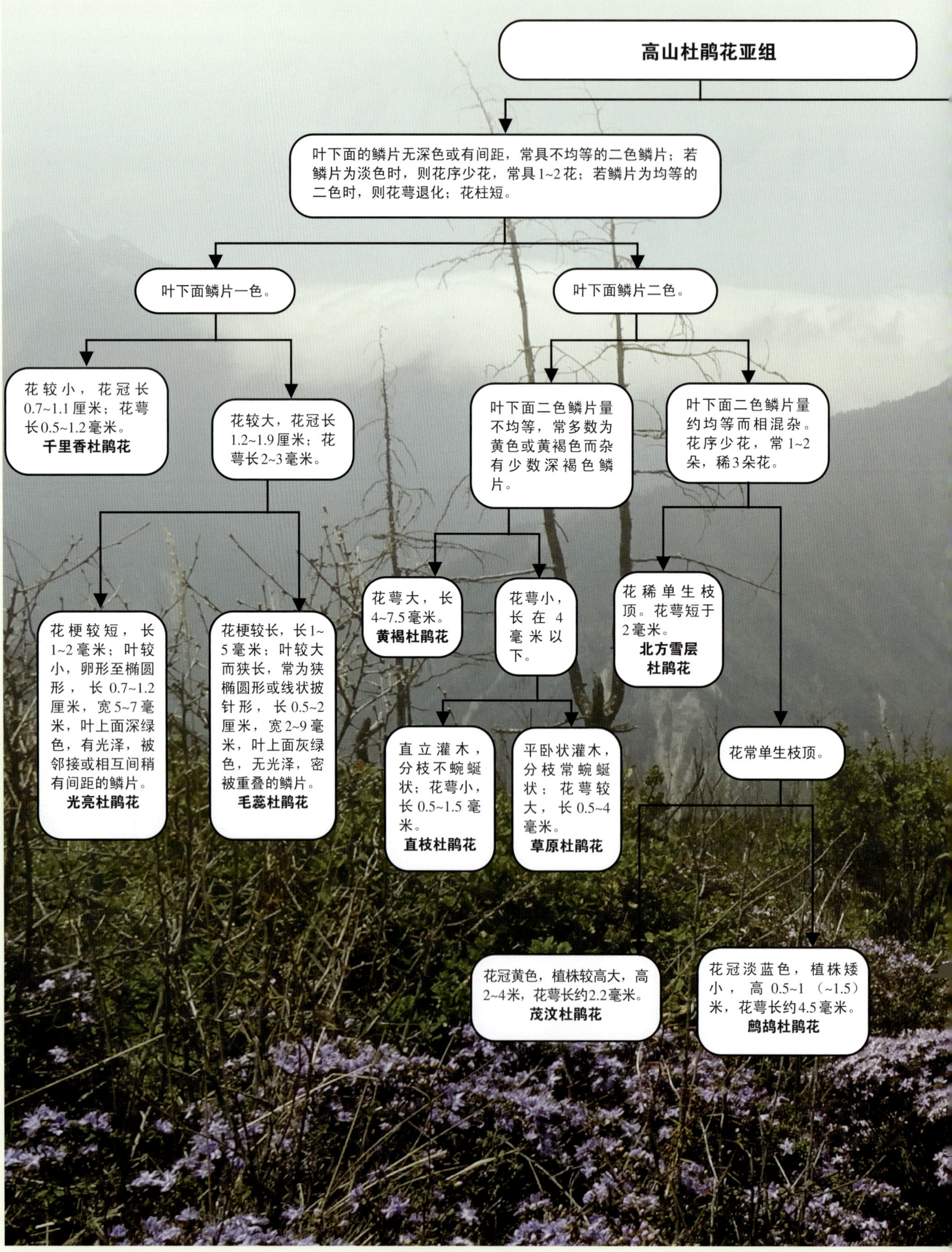

高山杜鹃花亚组

叶下面的鳞片无深色或有间距，常具不均等的二色鳞片；若鳞片为淡色时，则花序少花，常具1~2花；若鳞片为均等的二色时，则花萼退化；花柱短。

叶下面鳞片一色。

- 花较小，花冠长0.7~1.1厘米；花萼长0.5~1.2毫米。**千里香杜鹃花**
- 花较大，花冠长1.2~1.9厘米；花萼长2~3毫米。
  - 花梗较短，长1~2毫米；叶较小，卵形至椭圆形，长0.7~1.2厘米，宽5~7毫米，叶上面深绿色，有光泽，被邻接或相互间稍有间距的鳞片。**光亮杜鹃花**
  - 花梗较长，长1~5毫米；叶较大而狭长，常为狭椭圆形或线状披针形，长0.5~2厘米，宽2~9毫米，叶上面灰绿色，无光泽，密被重叠的鳞片。**毛蕊杜鹃花**

叶下面鳞片二色。

- 叶下面二色鳞片量不均等，常多数为黄色或黄褐色而杂有少数深褐色鳞片。
  - 花萼大，长4~7.5毫米。**黄褐杜鹃花**
  - 花萼小，长在4毫米以下。
    - 直立灌木，分枝不蜿蜒状；花萼小，长0.5~1.5毫米。**直枝杜鹃花**
    - 平卧状灌木，分枝常蜿蜒状；花萼较大，长0.5~4毫米。**草原杜鹃花**
- 叶下面二色鳞片量约均等而相混杂。花序少花，常1~2朵，稀3朵花。
  - 花稀单生枝顶。花萼短于2毫米。**北方雪层杜鹃花**
  - 花常单生枝顶。
    - 花冠黄色，植株较高大，高2~4米，花萼长约2.2毫米。**茂汶杜鹃花**
    - 花冠淡蓝色，植株矮小，高0.5~1（~1.5）米，花萼长约4.5毫米。**鹧鸪杜鹃花**

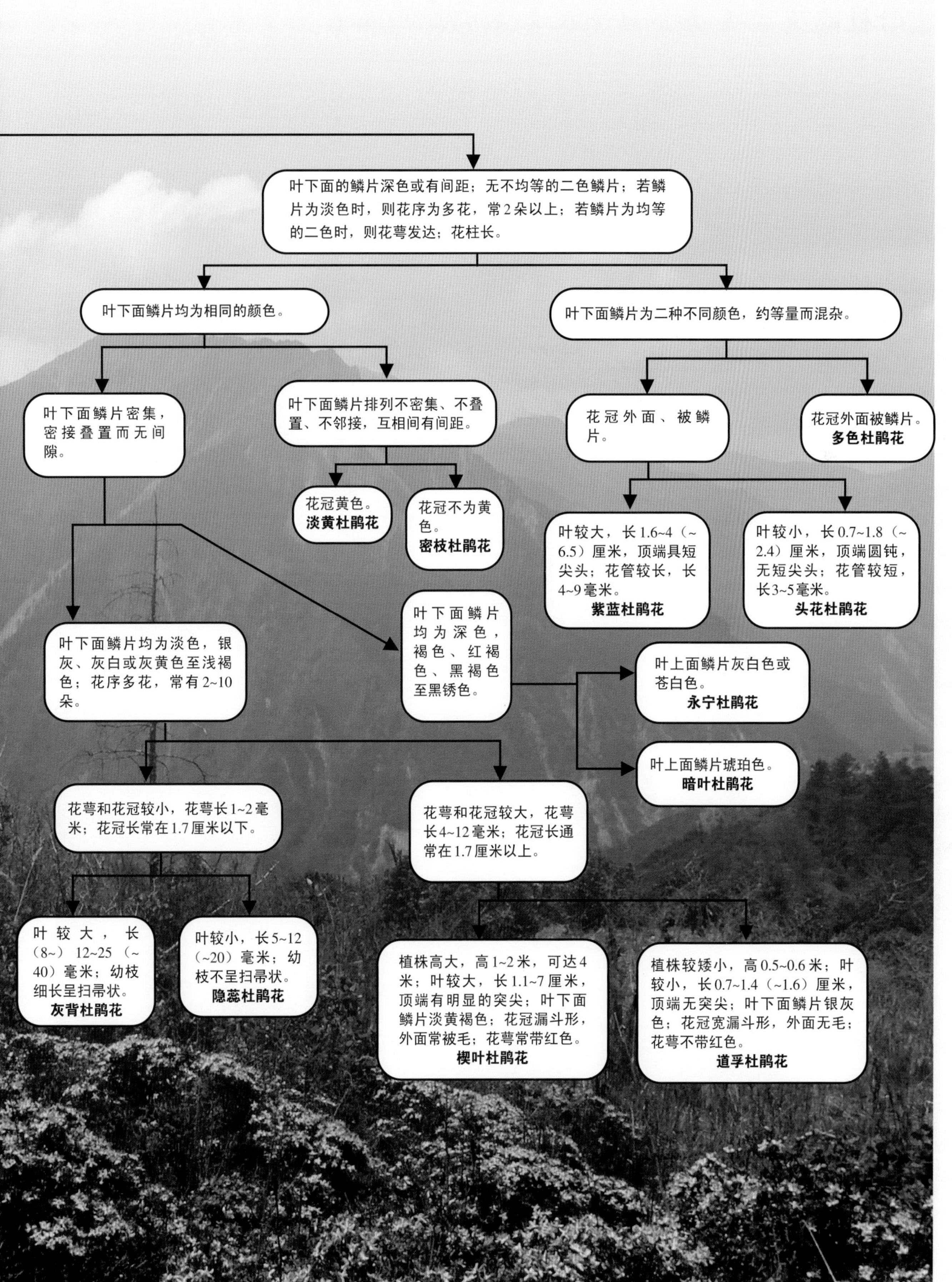
叶下面的鳞片深色或有间距；无不均等的二色鳞片；若鳞片为淡色时，则花序为多花，常2朵以上；若鳞片为均等的二色时，则花萼发达；花柱长。
叶下面鳞片均为相同的颜色。
叶下面鳞片为二种不同颜色，约等量而混杂。
叶下面鳞片密集，密接叠置而无间隙。
叶下面鳞片排列不密集、不叠置、不邻接，互相间有间距。
花冠黄色。
淡黄杜鹃花
花冠不为黄色。
密枝杜鹃花
花冠外面、被鳞片。
花冠外面被鳞片。
多色杜鹃花
叶较大，长1.6~4（~6.5）厘米，顶端具短尖头；花管较长，长4~9毫米。
紫蓝杜鹃花
叶较小，长0.7~1.8（~2.4）厘米，顶端圆钝，无短尖头；花管较短，长3~5毫米。
头花杜鹃花
叶下面鳞片均为淡色，银灰、灰白或灰黄色至浅褐色；花序多花，常有2~10朵。
叶下面鳞片均为深色，褐色、红褐色、黑褐色至黑锈色。
叶上面鳞片灰白色或苍白色。
永宁杜鹃花
叶上面鳞片琥珀色。
暗叶杜鹃花
花萼和花冠较小，花萼长1~2毫米；花冠长常在1.7厘米以下。
花萼和花冠较大，花萼长4~12毫米；花冠长通常在1.7厘米以上。
叶较大，长（8~）12~25（~40）毫米；幼枝细长呈扫帚状。
灰背杜鹃花
叶较小，长5~12（~20）毫米；幼枝不呈扫帚状。
隐蕊杜鹃花
植株高大，高1~2米，可达4米；叶较大，长1.1~7厘米，顶端有明显的突尖；叶下面鳞片淡黄褐色；花冠漏斗形，外面常被毛；花萼常带红色。
楔叶杜鹃花
植株较矮小，高0.5~0.6米；叶较小，长0.7~1.4（~1.6）厘米，顶端无突尖；叶下面鳞片银灰色；花冠宽漏斗形，外面无毛；花萼不带红色。
道孚杜鹃花

高山杜鹃花亚组 subsect. Lapponica

楔叶杜鹃花 *Rhododendron cuneatum* W. W. Smith

花萼

常绿灌木，高1~2米，或更大型。幼枝密被鳞片，无毛。叶片狭至宽椭圆形或长圆状披针形，长1~7厘米，宽2~5厘米，先端钝、圆形或锐尖，具明显的小尖头，基部楔形或圆，边缘稍波状，叶表面苍绿色，无光泽，密被鳞片，叶背面鳞片淡黄褐色至锈褐色，具邻接或重叠的淡黄褐色、等大的鳞片；叶柄长5~15毫米，被鳞片。花序有3~6花，组成顶生、伞形总状；花梗长1~1.5厘米，被淡色鳞片；花萼5~8毫米，常带红色，5裂，裂片长圆状卵形至长圆状披针形，外面被淡色鳞片，形成明显中央鳞片带或密被，边缘被长缘毛；花冠漏斗状，长1.5~3.5厘米，深紫色至玫瑰紫色，罕白色，常具深色斑点，外面有疏鳞片和短柔毛或无，内面喉部密被短柔毛。雄蕊10，与花冠近等长或超出，花丝基部被短柔毛。子房密被淡色鳞片，无毛或在顶端具一簇毛，花柱常长于雄蕊和花冠，基部常被短柔毛。蒴果长圆状卵形，长6~14毫米，密被鳞片。花期5~6月，果期10~11月。

产于四川西南部、云南西北部，生于针叶林、针阔混交林、高山杜鹃花灌丛，海拔2 700~4 200米。

叶表面和叶背面

花冠内毛和斑点

高山杜鹃花亚组　subsect. Lapponica

道孚杜鹃花　*Rhododendron dawuense* H. P. Yang

直立灌木，高50~60厘米。幼枝细长，当年生枝密被黄棕色鳞片。叶革质，散生或密集于枝端，叶片长圆状披针形，长7~14毫米，宽3~6毫米，顶端近圆形或微凹，无突短尖，边缘稍反卷，基部宽楔形或圆钝，叶表面暗绿色，被淡灰色、几相邻接的鳞片，叶背面灰绿色，被相同的银灰色鳞片，鳞片邻接或叠置；叶柄长1~3毫米，密被鳞片。伞形花序顶生，花1（~4）朵；花梗长约0.5毫米，被密鳞片；花萼长5~7毫米，裂片5，近相等，长圆形，外面中部被密鳞片，边缘具缘毛；花冠宽漏斗状，长17~22毫米，淡粉红色，花管长约10毫米，内面喉部被长柔毛。雄蕊10，短于花冠，花丝在基部以上被一圈长柔毛。子房长约2毫米，密被鳞片，花柱较雄蕊长，长约17毫米，无毛。蒴果卵形，长约3毫米。花期5~6月，果期7~8月。

产于四川西北部，生于高山杜鹃花灌丛中，海拔4 500米。

高山杜鹃花亚组 subsect. Lapponica

灰背杜鹃花 *Rhododendron hippophaeoides* Balf. f. et W. W. Smith

常绿小灌木，高0.2~1米。小枝直立生长，幼枝密被棕黄褐色鳞片。叶散生或集生于幼枝，叶片近革质，长圆形、椭圆形、长圆状披针形至长圆状卵形，长0.8~4厘米，宽5~15毫米，顶端钝或圆，罕急尖或具小突尖头，基部宽楔形至圆形，叶表面灰绿色，无光泽，密被淡黄色、邻接的鳞片，叶背面鳞片相同，透明的金黄色至麦秆色，相互重叠，罕邻接；叶柄长2~5毫米，被淡色鳞片。花序顶生，伞形总状，有花4~8朵；花梗长2.5~7毫米，花芽鳞脱落或罕宿存；花萼小，长1~2毫米，常带红色，5裂片不等大，圆形至宽三角形，被淡色鳞片，顶端边缘有流苏状疏长毛；花冠宽漏斗状，长1~1.5厘米，鲜玫瑰色、淡紫色至蓝紫色，外面无鳞片，内面喉内密被短柔毛，花冠裂片5，圆形。雄蕊10，短于花冠，花丝近基部有毛。子房密被淡色鳞片，花柱短，与雄蕊等长或稍短，无鳞片或罕在基部被疏毛。蒴果狭卵形，长5~6毫米，密被鳞片，基部被柔毛。花期5~6月，果期10~11月。

产于四川西南部、云南西北部，生于针叶林、高山矮杜鹃花灌丛和草地灌丛，海拔2 500~4 300米。

高山杜鹃花亚组　subsect. Lapponica
隐蕊杜鹃花　*Rhododendron intricatum* Franch.

通常为垫状或丛生状常绿矮灌木，高0.2~0.5米。幼枝密集而缠结，密被黄褐色鳞片。叶片小型，长圆状、长圆状椭圆形至卵形，长4~15毫米，宽2~8毫米，顶端圆，通常具短尖头，基部楔形至圆形，叶表面淡绿色或绿色，被金黄色、边缘透明的鳞片，鳞片间稍分开、邻接至重叠，叶背面浅黄褐色，鳞片淡金黄色，常重叠；叶柄长1~3毫米，密被淡色鳞片。顶生花序伞形总状，有花2~5朵，花芽鳞常宿存，罕早落；花梗被淡色鳞片；花萼小，带红色，长0.5~2毫米，裂片三角形至长圆形，外面常被疏鳞片，边缘被淡金色鳞片，有时有短或长的缘毛；花冠小，管状漏斗形，长8~15毫米，蓝色至淡紫色，罕黄色，外面无鳞片，无毛，内面喉部被短柔毛。雄蕊10或5~6，不等长，常短于花管，花丝近基部被毛；子房长1.5~2毫米，密被淡色鳞片，花柱短于雄蕊，无鳞片，无毛。蒴果卵圆形，长约5毫米，被鳞片。花期5~7月，果期10~11月。

产于四川和云南，生于云杉林、杜鹃花灌丛及高山草甸中，海拔3 000~4 500米。

花蕊

叶表面

叶背面

高山杜鹃花亚组 subsect. Lapponica

暗叶杜鹃花 *Rhododendron amundsenianum* Hand. -Mazz.

常绿灌木，高0.2~0.5米。分枝短且密，丛生；幼枝密被暗褐色片状重叠。叶片近革质，长圆状卵形、宽椭圆形至圆形，长7~15毫米，宽5~10毫米，顶端圆形，具短而反折的短突尖，基部截形或宽楔形，边缘近反卷，叶表面暗绿色，无光泽，被琥珀色鳞片，鳞片邻接或叠置，叶背面鳞片均为锈褐色，邻接或有的稍不邻接，具狭的半透明、金黄色边沿；叶柄长1~2毫米，被鳞片。花序顶生，伞形总状，3~5花；花梗长2~3毫米，密被鳞片；花萼长4~6毫米，裂片卵形，其中央具一鳞片带，边缘密被缘毛；花冠深紫色、淡紫红色、或淡紫色，阔漏斗形、长0.8~1.5，外面无鳞片和毛。雄蕊10，稍伸出或与花冠近等，花丝基部被毛。子房密被鳞，花柱较雄蕊长，下部被柔毛。蒴果被鳞片。花期6月，果期10~11月。

产于四川，生于高山灌丛，海拔3 900~4 250米。

子房

花冠

叶表面鳞片

花萼

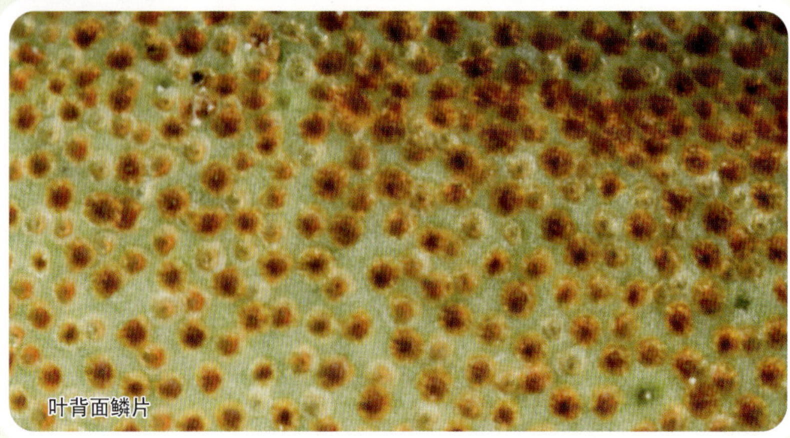

叶背面鳞片

高山杜鹃花亚组 subsect. Lapponica

永宁杜鹃花 *Rhododendron yungningense* Balf. f. ex Hutch.

子房

叶背面鳞片

叶表面鳞片

花萼

常绿直立灌木，高约1米。幼枝被褐色鳞片。叶片近革质，椭圆形，宽椭圆形，长圆形至长圆状披针形，长8~20毫米，宽3~8毫米，顶端急尖或钝，有明显或不明显的短尖头，基部楔形，边缘稍反卷，叶表面灰或暗绿色，无光泽，密被鳞片，叶背面淡绿色，被褐色至铁褐色鳞片，鳞片常邻接或有时稍重叠；叶柄长1~3毫米，被浅黄至暗黄色鳞片。花序顶生，伞形总状，有1~4花，稀更多；花梗长2~3毫米，被灰白或黄褐色鳞片；花萼长2~3毫米，裂片常不等大，三角形、卵形或圆形，外面鳞片散生，边缘通常呈撕裂状，有长柔毛和鳞；花冠宽漏斗状，长10~15毫米，深紫蓝色，玫瑰淡紫色，外面无鳞片，罕被毛，内面喉部被短柔毛，花冠裂片稍长于花管。雄蕊10枚，稍短于花冠，花丝下部分常被柔毛。子房被灰白色鳞片；花柱为最长雄蕊的1/2至伸出，无毛或在基部多少被柔毛。蒴果卵圆形，长约5毫米，被鳞片。花期5~6月，果期7~9月。

产于四川西南部、云南西北部及北部，生于高山草坡、岩坡及杜鹃花灌丛中，海拔3 200~4 300米。

高山杜鹃花亚组 subsect. Lapponica

淡黄杜鹃花 *Rhododendron flavidum* Franch.

常绿直立灌木，高0.4~0.8米。分枝细长而密集，被鳞片和微柔毛。叶片革质，卵状椭圆形、宽椭圆形至长圆形，长（0.7）1~1.5（~2.5）厘米，宽（3~）5~8毫米，顶端圆，有小突尖，基部圆至狭楔形，边缘稍反卷，叶表面暗绿色，具膜质灰白色鳞片，下面灰绿色，被同一而相互有间距的鳞片，鳞片边沿淡黄褐色，中部较暗；叶柄长2~3（~4）毫米，被疏散的褐色鳞片。花序顶生，伞形总状，有花（1~）3~5朵；花梗长3~4（~7）毫米，被毛，有时有少数鳞片；花萼5深裂，裂片稍不等大，长（2~）4~6（~7）毫米，被鳞片或无，边缘多少被毛，有时被毛和鳞；花冠宽漏斗状，长12~18毫米，黄色或淡黄色，外面被毛，有疏鳞片或无，内面喉部被毛，边缘波状。雄蕊5~10，与花冠等长或稍短，花丝近基部被毛。子房长2~3.5毫米，密被鳞片，花柱长12~22毫米，较雄蕊长，基部被毛。蒴果卵圆形，长约6毫米，被鳞片。花期5~6月，果期10月。

产于四川西部和西南部、西藏东南、云南中部和北部，生于松林林缘、杜鹃花林中、高山草地灌丛，海拔2 800~4 500米。

叶背面
花萼
花蕊
花冠内面毛

高山杜鹃花亚组 subsect. Lapponica

密枝杜鹃花 *Rhododendron fastigiatum* Franch.

花冠外的鳞片和毛

通常成丛生的圆形小灌丛，小枝密集，高0.2~0.5米。幼枝被暗褐色鳞片。叶片长圆形、椭圆形或卵形，长5~15毫米，宽2~7毫米，顶端圆或钝，有短突尖，基部钝或楔形，边缘稍反卷，叶表面绿色或多少暗绿色，密被鳞片，叶背面淡灰绿色，被同一式鳞片，鳞片淡黄褐色或褐色，鳞片邻接或相距小于其直径，或偶有部分邻接；叶柄长1~2（3）毫米，被鳞片。花序顶生，伞形总状，有2~4花；花梗短，长0.2~2毫米，被鳞片；花萼发达，长3~5毫米，裂片长圆形或宽椭圆形，外面被鳞片，被缘毛；花冠宽漏斗状，紫蓝色或鲜淡紫红色，外面常有少数鳞片，内面喉部被密毛。雄蕊（6~）10（11），较花冠稍短或近等长，花丝近基部被毛。子房被鳞片，花柱细长，超出雄蕊，无毛或罕在基部被微毛。蒴果卵圆形，长4~6毫米，被鳞片。花期5~7月，果期9~10月。

产于青海、四川、云南西北部及中部，生于岩坡灌丛、高山草地灌丛、高山矮杜鹃花灌丛，海拔3 500~4 500米。

叶背面鳞片

叶表面鳞片

花萼

高山杜鹃花亚组 subsect. Lapponica

多色杜鹃花 *Rhododendron rupicola* W. W. Smith

常绿直立灌木，高0.3~0.6米。幼枝密集或多少散生，密被鳞。叶片卵状椭圆形、宽椭圆形至长圆形，长1~1.5厘米，宽5~8毫米，顶端圆，有小突尖，基部圆至狭楔形，边缘稍反卷，叶表面密被鳞片，叶背面黄褐色，鳞片多少重叠，邻接至相距小于其直径，二色，深褐色和琥珀色或淡金黄色，深色鳞通常占优势；叶柄长3~5毫米，被疏散的褐色鳞片。花序顶生，伞形总状，有花2~6朵；花梗长2~4毫米，被鳞片；花萼5深裂，裂片稍不等大，长4~6毫米，长圆状披针形或长圆形，外面被鳞通常形成中央鳞片带，边缘多少被毛，有时被毛和鳞；花冠宽漏斗状，长1~2厘米，深紫色或紫红色，外面被鳞，有或无柔毛，内面喉部被毛。雄蕊通常10，花丝近基部被毛。子房长2~3毫米，密被鳞片，基部被柔毛，花柱多少被毛或光滑。蒴果卵圆形，长约6毫米，被鳞片和柔毛。花期5~6月，果期10月。

产于四川西部和西南部、西藏东南、云南中部和北部，生于松林林缘、杜鹃花林中、高山草地灌丛，海拔2 800~4 500米。

花芽
花冠解剖图
雄蕊
子房
花萼
叶表面鳞片
叶背面鳞片
叶背面

高山杜鹃花亚组 subsect. Lapponica

紫蓝杜鹃花 *Rhododendron russatum* Balf. f. et Fonest

常绿小灌木，直立或近伏生，小枝密集或散生，高 0.3~1.5 米。幼枝密被淡褐色有柄鳞片。叶片长圆状椭圆形或长圆形、卵形，长 1.5~4 厘米，宽 0.6~1.7 厘米，顶端圆或钝，有短突尖，基部楔形，有时下延于叶柄，叶表面灰绿色或暗绿色，被鳞片，相邻接或重叠，叶背面被二色鳞片，鳞片颜色多变，黄色或深褐色，黄褐色或锈色，灰白色或深黄褐色，近相邻接或重叠，有乳突；叶柄长1~6（~9）毫米，被黄褐色鳞片。花序近头状，顶生或腋生于去年生枝顶，有4~6花，有时2~3花序聚生在一起，花芽鳞在花期宿存或偶脱落；花梗极短，长1~5毫米，被鳞片；花萼发达，绿色或带紫红色，长3~6毫米，裂片长圆状或卵形，基部被少数鳞片，具中央鳞片带，边缘有长睫毛，或偶有疏鳞片；花冠宽漏斗状，长10~20毫米，紫蓝、靛蓝、紫色或玫瑰色，外面被短柔毛，散生或无鳞片。雄蕊10，花丝近基部被柔毛。子房长约2毫米，被鳞片，有时顶端具一簇毛，花柱较雄蕊长，下半部常被疏毛。蒴果卵圆形，长4~6毫米，被鳞片，顶端毛簇常宿存。花期5~6月，果期10~11月。

产于四川西南部、云南北部和西北部，生于岩坡灌丛、峭壁、林缘、山坡草地、高山草原及高山杜鹃花灌丛中，海拔3 000~4 000米。

高山杜鹃花亚组　subsect. Lapponica

头花杜鹃花　*Rhododendron capitatum* Maxim.

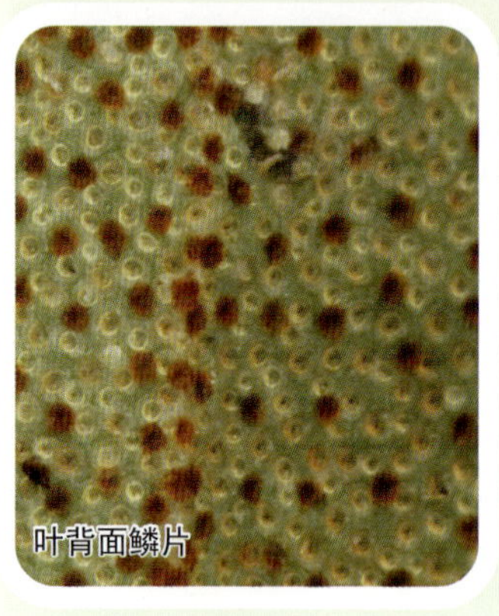

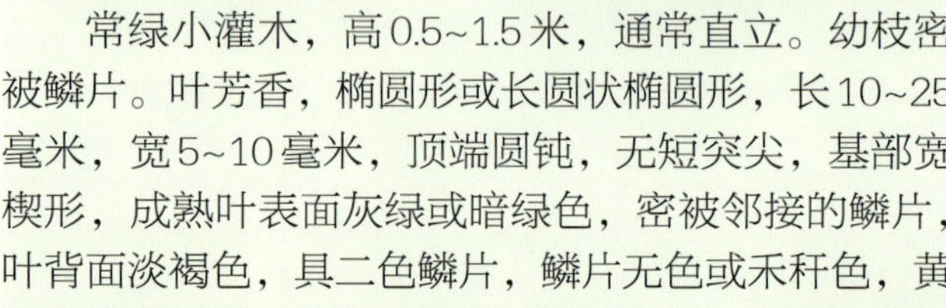

常绿小灌木，高0.5~1.5米，通常直立。幼枝密被鳞片。叶芳香，椭圆形或长圆状椭圆形，长10~25毫米，宽5~10毫米，顶端圆钝，无短突尖，基部宽楔形，成熟叶表面灰绿或暗绿色，密被邻接的鳞片，叶背面淡褐色，具二色鳞片，鳞片无色或禾秆色，黄褐色或暗琥珀色，数量约相等而混生，相邻接或相距小于直径；叶柄长2~3毫米，被鳞片。花序顶生，伞形，有3~6花；花梗长1~3毫米，被微柔毛或鳞片；花萼带黄色，裂片5，不等大，膜质，长圆形或卵形，长3~6毫米，基部被疏毛或鳞片，边缘被睫毛；花冠宽漏斗状，长10~15毫米，淡紫或深紫，紫蓝色，外面无鳞和毛，内面喉部密被绵毛。雄蕊10，伸出，花丝近基部被毛。子房被鳞片和微柔毛，花柱常较雄蕊长，近基部偶有毛。蒴果卵圆形，被鳞片。花期5~6月，果期10月。

产于甘肃、青海及四川，生于高山草地灌丛和岩坡，海拔3 500~4 300米。

高山杜鹃花亚组 subsect. Lapponica

毛蕊杜鹃花 *Rhododendron websterianum* Rehd. et Wils.

子房

花蕊

花萼和花冠

常绿直立小灌木，高0.5~1.5米。幼枝密被红棕色鳞片。叶卵形，长圆形、狭椭圆形至线状披针形，长0.5~1.5厘米，宽3~9毫米，顶端钝，罕有小突尖，基部楔形，叶表面灰绿色，无光泽，密被重叠的鳞片，叶背面鳞片淡黄灰色至金黄褐色，邻接至相重叠呈覆瓦状；叶柄长1~5毫米，密被鳞片。单花顶生或稀2花，花芽鳞在花期宿存；花梗长1~3毫米，被鳞片；花萼发达，长3~5毫米，淡紫色或淡黄红色，裂片圆形至长圆形，外面被鳞片，边缘被短睫毛；花冠宽漏斗状，长1.2~2厘米，淡紫色至紫蓝色，外面无鳞片，或偶有毛，内面被短柔毛。雄蕊10，不等长，伸出花管，与花冠近等长，花丝近基部密被柔毛。子房长约2毫米，密被鳞片，花柱较雄蕊长，基部有疏柔毛，有时有少数鳞片。蒴果长卵圆形至长圆形，长4~5毫米，密被鳞片。花期5~6月，果期10~11月。

产于四川西北部，生于松林下、高山杜鹃花灌丛，海拔3 700~4 500米。

叶表面鳞片

叶背面鳞片

高山杜鹃花亚组 subsect. Lapponica

光亮杜鹃花 *Rhododendron nitidulum* Rehd. et Wils.

常绿小灌木，平卧或直立，高0.2~0.5米。幼枝密被鳞片，无毛。叶椭圆形至卵形，长0.5~1.1厘米，宽3~7毫米，顶端钝或圆，有或无小突尖，基部宽楔形至圆形，叶表面暗绿色，密被鳞片，邻接至多少重叠，薄而光亮，叶背面鳞片同型，浅黄褐色，有时混杂有少量深色鳞，相邻接或有时相距小于其直径；叶柄长1~2毫米，密被鳞片，无毛。花序顶生，有花1~2朵，花芽鳞在花期宿存；花梗短，被鳞片；花萼发达，带红色，长2~3毫米，裂片卵圆形、长圆状卵形，外面被鳞片，边缘有或无鳞片，常有缘毛；花冠宽漏斗状，长10~15毫米，蔷薇淡紫色至蓝紫色，外面无鳞片，内面被柔毛。雄蕊（8~）10，与花冠等长或稍长，花丝近基部具长绒毛。子房长约2毫米，密被鳞片，花柱较雄蕊长，无鳞片，无毛。蒴果卵珠形，长3~5毫米，密被鳞片。花期5~6月，果期10~11月。

产于四川西部，生于高山草地灌丛、高山矮杜鹃花灌丛或岩坡灌丛，海拔3 000~4 500米。

雌蕊

花萼

叶背面鳞片

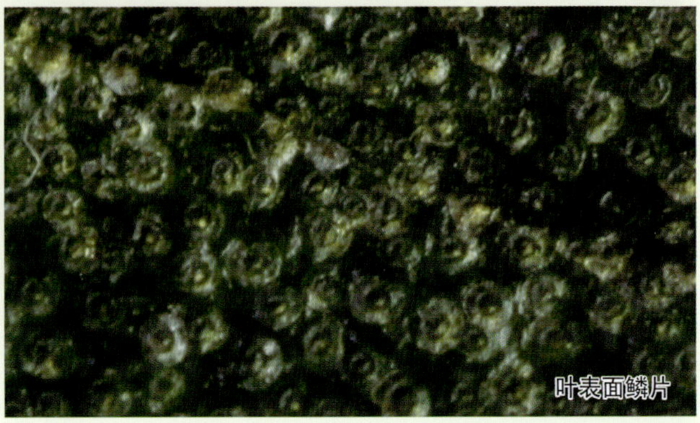

叶表面鳞片

高山杜鹃花亚组 subsect. Lapponica

千里香杜鹃花 *Rhododendron thymifolium* Maxim.

常绿直立小灌木，高0.3~1米。幼枝密被暗色鳞片。叶片近革质，椭圆形、长圆形、窄倒卵形至卵状披针形，长5~15毫米，宽2~5毫米，顶端钝或急尖，通常有短突尖，基部窄楔形，叶表面灰绿色，无光泽，密被银白色或淡黄色鳞片，叶背面黄绿色，被银白色、灰褐色至麦黄色的鳞片，相邻接至重叠；叶柄长1~2毫米，密被鳞片，无毛。花单生枝顶或偶成双，花芽鳞常宿存；花梗不发育，密被鳞片，无毛；花萼小，环状，长0.5~1毫米，带红色，外面鳞片及缘毛多变，有或无；花冠宽漏斗状至近碟状，长6~12毫米，淡紫蓝色至深紫红色，外面散生鳞片或无，内面被柔毛。雄蕊10，伸出花冠，花丝基部被柔毛或光滑。子房密被淡黄色鳞片，花柱短，无毛或近基部被少数鳞片或毛。蒴果卵圆形，长2~5毫米，被鳞片。花期5~7月，果期9~10月。

产于甘肃、青海、四川北部及西北部，生于林中和灌丛，海拔2 400~4 800米。

子房

花萼

叶片

叶背面鳞片

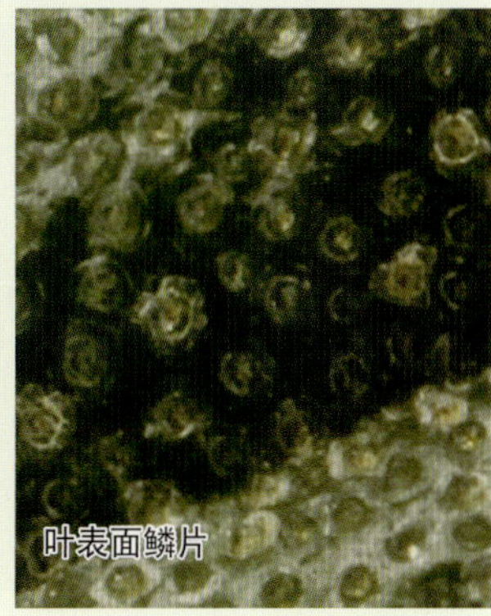
叶表面鳞片

高山杜鹃花亚组 subsect. Lapponica

黄褐杜鹃花 *Rhododendron minyaense* Philipson et M. N. Philipson

常绿直立小灌木，高0.5~0.6米。幼枝被黑褐色鳞片。叶片宽卵形或长圆状椭圆形，长5~17毫米，宽3~7毫米，顶端圆或钝，具不明显的短尖，基部宽楔形、截形或近心形，边缘反卷，叶表面暗绿色，密被鳞片，叶背面密被重叠或邻接的鳞片，淡黄褐色或黄褐色，散生有少数较深褐色的鳞片；叶柄长1~3毫米，密被鳞片。花序具2~3花；花梗长1~5毫米；花萼发达，5裂片近圆形或卵形，长4~8毫米，外面密被鳞，通常形成明显的中央鳞片带，有或无柔毛，边缘有睫毛；花冠漏斗状，长15~20毫米，淡紫色至深紫蓝色，内面喉部被毛，外面无鳞或偶疏被鳞片。雄蕊10，较花冠稍短，长11~15毫米，花丝近基部有簇柔毛。子房长2~3毫米，密被鳞片，花柱超出雄蕊，基部有毛或无。蒴果卵圆形，长约5毫米，被鳞片。花期6~7月，果期10~11月。

产于四川西北部，生于高山矮杜鹃花灌丛、高山草地矮灌丛，海拔3 800~4 500米。

花冠
叶背面鳞片
叶表面鳞片
花萼
子房
叶片

高山杜鹃花亚组 subsect. Lapponica

直枝杜鹃花 *Rhododendron orthocladum* Balf. f. et Forrest

多分枝直立灌木，高0.5~1米。幼枝被黄褐色或褐色鳞片。叶片狭椭圆形、披针形至线状披针形，长5~20毫米，宽2~4毫米，顶端急尖或钝，具短而不明显的小短尖，基部楔形或钝，边缘近浅波状，反卷，成熟叶表面绿色或灰绿色，密被淡色鳞片，叶背面黄褐色或淡黄褐色，被金黄色至黄褐色邻接或稍有间距的鳞片，并混杂有少数至多数深黄褐色鳞片；叶柄长0.8~3毫米，密被黄褐色鳞片。花序顶生，伞形，具2~4花；花梗长1~2毫米，被淡色至黄褐色鳞片；花萼小，长0.5~2毫米，带红色，基部被鳞片，外面密被或疏被鳞片，边缘偶具少数鳞片及长缘毛；花冠漏斗状，长7~10毫米，淡至深紫蓝色或紫色，罕白色带粉红色，喉部被短柔毛，外面无鳞片或罕有疏鳞片。雄蕊10，稀8，不等长，短于花冠或罕等长，花丝近基部被毛。子房被淡色鳞片，基部具一狭的短柔毛带，花柱较雄蕊短或等长，通常无毛。蒴果卵圆形，长2~5毫米，密被鳞片。花期5~6月，果期10~11月。

产于四川西南部，生于林缘、林中、高山峭壁疏灌丛，海拔2 500~4 500米。

子房

花萼

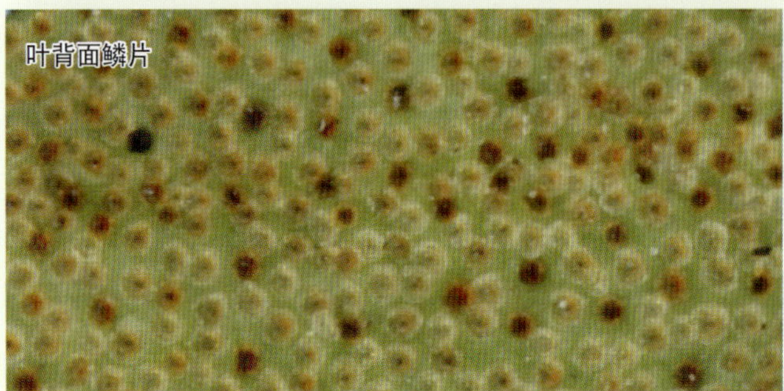

叶背面鳞片

叶表面鳞片

高山杜鹃花亚组 subsect. Lapponica

草原杜鹃花 *Rhododendron telmateium* Balf. f. et W. W. Smith

丛状直立灌木，高0.2~1米，分枝细瘦，多而密集常成垫状。幼枝密被褐色鳞片。叶聚生于枝端或沿小枝散生，叶片披针形、狭椭圆形、宽椭圆形、长卵圆形或圆形，长3~12毫米，宽2~5毫米，顶端急尖至近圆形，具硬的小短尖头，边缘常浅波状，基部楔形，成熟叶表面暗灰绿色，有时有光泽，密被重叠的淡金黄色鳞片，叶背面鳞片相互重叠或邻接，二色，黄褐色、淡褐色或褐红色，深色鳞片多少变化，但通常较淡色鳞更少；叶柄长0.3~3毫米，密被鳞片。花序顶生，伞形，具1~2花；花梗长0.5~2毫米，被鳞片，有时被柔毛；花萼长1~3毫米，带红紫色或淡绿色，裂片披针形、三角形、卵形至圆形，被淡色鳞片，边缘被鳞片，有或无长缘毛；花冠宽漏斗状，长5~12毫米，淡紫色、玫瑰红色至深蓝紫色，通常外面被疏或密的淡色鳞片。雄蕊（8~）10（~11）枚，多少与花冠等长，花丝在基部被白色短柔毛。子房长2~3毫米，被淡黄色鳞片，基部有一窄的短柔毛带，花柱较雄蕊短、相等或较长，基部无毛或有毛，有时具少数鳞片。蒴果卵圆形至长圆形，长3~4毫米，被鳞片。花期5~6月，果期9~11月。

产于云南和四川，生于林缘、高山杜鹃花灌丛、岩坡灌丛或峭壁，海拔3 100~4 500米。

叶片
叶背面鳞片
叶表面鳞片
花萼

高山杜鹃花亚组 subsect. Lapponica

北方雪层杜鹃花(亚种) *Rhododendron nivale* Hook. f. subsp. *boreale* Philipson et M. N. Philipson

常绿小灌木，通常生长为分枝密集的小灌丛，高0.1~0.5米。幼枝褐色，密被黑锈色鳞片。叶片革质，椭圆形，卵形或近圆形，长2~10毫米，宽2~5毫米，先端圆形，具小尖头，基部宽楔形，成熟叶表面深绿色，密被重叠的黄褐色或褐色鳞片，叶背面黄绿色至淡黄褐色，被淡金黄色和深褐色两色鳞片，邻接或相距小于其直径，淡色鳞片常较多，深色鳞常脱落或极散生；叶柄短，长0.5~3毫米，被鳞片。花序顶生，单花或有时1~3花；花梗长0.5~1.5毫米，被鳞片，偶有毛；花萼发达，裂片长圆形或带状，外面被鳞，无毛，边缘有或无鳞片，无毛；花冠宽漏斗状，长9~14毫米，粉红，丁香紫至鲜紫色，外面无鳞或有时仅沿裂片中央被鳞。雄蕊（8~）10，约与花冠等长，花丝近基部被毛。子房长1~2毫米，被鳞片，花柱通常长于雄蕊，无毛或基部稍有毛。蒴果圆形至卵圆形，被鳞片，有残存柔毛。花期5~8月，果期8~9月。

产于西藏、青海、四川，生于开阔沼泽草地、岩坡和高山矮杜鹃花灌丛，海拔3 100~5 400米。

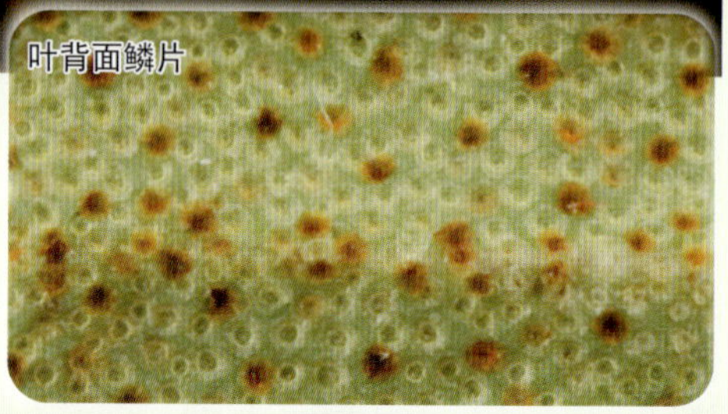

叶背面鳞片

花萼和花冠

叶表面鳞片

子房

高山杜鹃花亚组 subsect. Lapponica

茂汶杜鹃花 *Rhododendron maowenense* Ching et H. P. Yang

常绿小灌木，高约1米。幼枝密被锈色或深褐色鳞片。叶片革质，椭圆形，长5~12毫米，宽3~5毫米，顶端圆，具角质突尖，边缘稍反卷，基部宽楔形，叶表面暗绿色，被邻接或稍分离的黄褐色鳞片，叶背面鳞片二色，深褐色鳞多数至稍占优势，淡黄色鳞散生其间；叶柄长1毫米，密被鳞片。花单生枝顶；花梗长1~2毫米，被鳞片；花萼长约2.2毫米，5裂，裂片长圆形或宽卵形，外面被鳞，多少形成中央鳞片带，边缘有缘毛或多少被鳞片；花冠宽漏斗状，长1~15毫米，黄色，内面喉部被长柔毛。雄蕊10枚，稍短于花冠，花丝自基部以上达花冠喉部被绵毛状长柔毛。子房长约2毫米，密被鳞片，花柱长过于花冠和雄蕊，基部无毛或散生柔毛。蒴果卵圆形，长3~5毫米。花期5~6月，果期10~11月。

产于四川北部，生于林中、林缘或杜鹃花灌丛，海拔3 000米。

子房
花萼
叶片
叶背面鳞片
叶表面鳞片

高山杜鹃花亚组 subsect. Lapponica

鹧鸪杜鹃花 *Rhododendron zheguense* Ching et H. P. Yang

直立灌木，高约0.5米，稀更大型。小枝短而密集，丛生，密被深褐色鳞片。叶片革质，卵状椭圆形或卵形，长5~12毫米，宽3~6毫米，顶端圆，无短尖，边缘稍反卷，基部钝，成熟叶表面暗绿色，被邻接的鳞片，叶背面淡黄棕色，鳞片二色，淡黄色和淡褐色鳞片近等混生，邻接；叶柄长0.5~2毫米，密被鳞片。单花或稀1~3花顶生；花梗长2~5毫米，密被鳞片；花萼长约4.5毫米，裂片5，长圆形，外面密被鳞片，有时形成明显的中央鳞片带，边缘被缘毛或鳞片；花冠漏斗状，长约12毫米，淡紫蓝色，外被疏毛，内面达喉部被长柔毛。雄蕊10，稍短于花冠，花丝在中部以下被长柔毛。子房长约3毫米，密被鳞片，花柱短于雄蕊，中部以下被微柔毛。蒴果卵圆形，长约4毫米，密被鳞片。花期6~7月，果期9~11月。

产于四川北部，生于林缘、开阔山坡，海拔3 800~4 500米。

子房

叶片

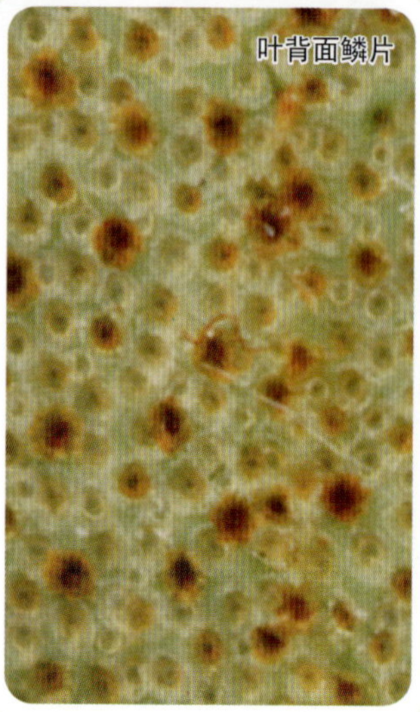

叶背面鳞片

花萼

怒江杜鹃花亚组 subsect. Saluenensia (Hutch.) Sleumer

本亚组包含 1 种杜鹃花，亚组性状描述见种。

怒江杜鹃花 *Rhododendron saluenense* Franch.

小灌木，通常丛生，高0.1~0.6米，稀更大型。幼枝密被鳞片，被宿存刚毛，叶芽鳞在花期多少宿存。叶椭圆形、长圆状椭圆形或卵状椭圆形，长1.5~3厘米，宽1~2厘米，顶端钝圆，具直立或反折的短尖头，基部通常钝圆，有时宽楔形，叶表面成熟后无鳞，基部沿中脉散生分枝细硬毛，叶背面密被覆瓦状鳞片，通常2~3层，褐色、淡褐色或黄绿色，沿叶脉有时疏生长刚毛，通常边缘于幼时有长刚毛，以后渐脱落；叶柄长2~4毫米，被鳞片和刚毛。花序顶生，1~3（5）花，花梗长0.7~1.5厘米，红色，被鳞片，有疏或密的刚毛或无毛；花萼红紫色，发育，长达花冠的1/2或稍更长，5裂至近基部，裂片宽卵形或卵状椭圆形，外面被鳞和柔毛，边缘有或无睫毛，内面被柔毛；花冠宽漏斗状，长1.5~3厘米，紫色、紫红色或深红色，内有深色斑点，外面密被短柔毛，有或无鳞片。雄蕊露出花冠筒外，短于花冠，花丝基部密被柔毛。子房被鳞和柔毛，花柱伸出花冠，基部有微柔毛或无。蒴果卵球形，高5~10毫米。花期5~6月，果期10月。

产于四川、云南、西藏，生于杜鹃花灌丛、高山草地灌丛，海拔3 000~4 800米。

幼枝
叶片
花蕊
子房

疏叶杜鹃花亚组

subsect. Hanceana (Hutch.) Geng

常绿小灌木，幼枝和叶柄密被鳞片。叶革质，卵状披针形、倒披针形或长圆状披针形，叶背面鳞片不邻接，相距为其直径的2~4倍。花序松散至密集，有花5~20朵；花冠漏斗状钟形，白色，无斑点。雄蕊10，伸出，花丝基部被毛；花柱较雄蕊长，无毛。

本亚组包括2种杜鹃花，可以通过以下一些特征进行区分：

疏叶杜鹃花亚组 subsect. Tephropepla

疏叶杜鹃花 *Rhododendron hanceanum* Hemsl.

花序轴和花萼

小灌木，高约1米。小枝和叶柄初密被鳞，鳞多少脱落，叶柄长4~9毫米。叶革质，卵状披针形至倒卵形，长5~13厘米，宽2~6厘米，顶端锐尖至短渐尖，基部长渐尖、宽楔形或多少近圆形，叶表面亮绿色，无毛，无鳞片，叶背面绿白色，密被细小淡黄褐色鳞片，相距为其直径的2~3倍。总状花序顶生，有花7~9朵，花序轴长1~1.5厘米，被疏腺体和微毛；花萼大，深5裂，裂片卵状长圆形至披针形，长约8毫米，外面被黄色疏鳞片，有缘毛；花冠漏斗状钟形，白色，长约2.5厘米，外面被疏鳞片，内面被疏短毛，5裂，裂片卵形，长约1厘米，短于花管；雄蕊10，最长雄蕊较花冠长，花丝中部以下密生白色长毛；子房密生鳞片，花柱较雄蕊长和花冠长，无毛。蒴果长椭圆形，长约1厘米，密被鳞片，花萼与花柱均宿存。花期4~5月，果期9~10月。

产于四川西部（峨眉山、洪雅、宝兴、汉源），生于灌丛中，海拔1 200~2 500米。

雌蕊

小灌木

疏叶杜鹃花亚组 subsect. Tephropepla

长轴杜鹃花 *Rhododendron longistylum* Rehd. et Wils.

叶片

常绿灌木，高0.5~2米。幼枝疏被鳞片和短柔毛。叶柄长2~6毫米，被鳞片，有或无短柔毛。叶倒卵形、长圆状倒卵形至倒披针形，长1.6~6厘米，宽0.6~1.5厘米，顶端急尖，具短突尖头，基部渐狭，叶表面暗绿色，疏生不久脱落的鳞片，沿主脉被短柔毛，叶背面淡绿色或淡褐绿色，被鳞片，鳞片不等大，金色与褐色，具宽边沿，相距为其直径的1~4倍；花序顶生，有花5~16朵，花序轴长3~10毫米，被鳞片及短柔毛。花梗长6~15毫米，被鳞片及短柔毛；花萼5裂，裂片长3~4毫米，长圆形、狭三角形或卵形，外面及边缘常散生鳞片，仅基部被短柔毛。花冠管状漏斗形或漏斗状钟形，长1.3~2厘米，白色，或稍带红色，5裂，花管稍长于裂片，外面有时疏被鳞片，花管内面基部被柔毛。雄蕊10，不等长，伸出于花冠，花丝基部被毛。子房5室，在顶端被鳞片和短柔毛，花柱细长，伸出于花冠，无鳞片。蒴果圆锥状，长5~8毫米，被鳞。花期4~5月，果期7~10月。

产于四川西部和中部，生于灌丛、林中，海拔1 000~2 300米。

叶背面鳞片

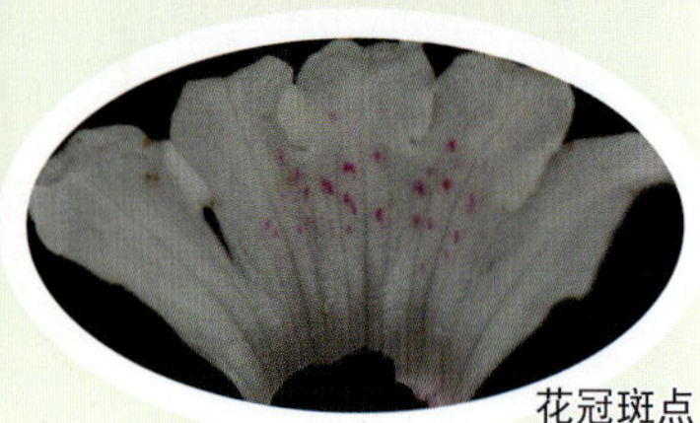

花冠斑点

照山白亚组 subsect. Micrantha (Hutch.) Sleumer

本书本亚组包含1种杜鹃花，亚组性状描述见种。

照山白 *Rhododendron micranthum* Turcz.

常绿小灌木，高1~2米。幼枝被鳞片及细柔毛。叶片近革质，倒披针形、长圆状椭圆形至披针形，长1.5~4厘米，宽1~2厘米，顶端钝，急尖或圆，具小突尖，基部狭楔形，成熟叶表面深绿色，散生鳞片，叶背面黄绿色，被淡或深棕色有宽边的鳞片，鳞片相互重叠、邻接或相距小于其直径。花冠钟状，白色，长5~10毫米，外面被鳞片，内面无毛，5裂。雄蕊10，花丝无毛。子房密被鳞片，花柱与雄蕊等长或较短，无鳞片。蒴果长圆形，长5~8毫米，被疏鳞片。花期5~6月，果期9~11月。

产于东北、华北及西北地区及山东、河南、湖北、湖南、四川等省，生于山坡灌丛、林中，海拔1 000~3 000米。

叶背面

鳞腺杜鹃花亚组 subsect. Lepidota (Hutch.) Sleumer

本亚组包含1种杜鹃花，亚组性状描述见种。

鳞腺杜鹃花 *Rhododendron lepidotum* Wall. ex G. Don

常绿小灌木，高0.5~1.5米。幼枝密被鳞片，无刚毛或有时有刚毛。叶薄革质，集生枝顶，倒卵形、倒卵状椭圆形、长圆状披针形至披针形，长0.5~3厘米，宽0.3~1.5厘米，顶端具短尖头，两面均密被鳞片，成熟叶表面深绿色，被鳞，叶背面淡绿色或淡灰绿色，鳞片黄绿色或褐色，重叠成覆瓦状或相距为其直径的1/2；叶柄长2~4毫米，被鳞片。花序顶生，伞形，具1~3花；花梗长（1~）2~2.5（~3.8）厘米，被鳞片；花萼深5裂，裂片长2~4毫米，绿色或带红色，外面被鳞片，常有缘毛；花冠宽钟状，长0.9~1.7厘米，花色多变，淡红、深红至紫色、白色、淡绿至黄色，5裂，外面密被鳞片；雄蕊（8~）10，较花冠长，花丝向基部或至全长2/3有柔毛。子房5室，密被鳞片，花柱粗而短，强度弯弓，光滑。蒴果长4~8毫米，有密鳞片，花萼宿存。花期6~8月，果期10月以后。

产于四川西部、云南西北部、西藏南部及东南部，生于混交林、针叶林、杜鹃花灌丛或高山矮灌丛，海拔2 500~3 700米。

花萼和花冠外鳞片

花冠

腋花杜鹃花亚组 subsect. Rhodobotry (Sleumer) Geng

本亚组包含1种杜鹃花，亚组性状描述见种。

腋花杜鹃花 *Rhododendron racemosum* Franch.

小灌木，高0.2~2米，通常丛生。幼枝被鳞片，无毛或有时被微柔毛。叶片革质或薄革质，芳香，长圆形、长圆状椭圆形或长圆状披针形，长1.5~4厘米，宽0.7~2厘米，顶端钝圆或锐尖，基部钝圆或楔形渐狭，边缘反卷；成熟叶表面密被鳞片，背面通常灰白色，密被褐色鳞片和小乳突，鳞片相距小于其直径也不相邻接；叶柄长2~4毫米，被鳞片。花序腋生枝顶或枝上部叶腋，有2~3花；花芽鳞宿存至花期；花梗长0.5~1厘米，密被鳞片，无毛或被柔毛；花萼小，环状或波状浅裂，被鳞片；花冠小，宽漏斗状，粉红色、淡紫红色或有时为白色，外面疏生鳞片或无，有时在管内被柔毛。雄蕊10，伸出花冠外，花丝基部散生柔毛。子房5室，密被鳞片；花柱长于雄蕊，无毛或有时基部有短柔毛。蒴果长圆形，长0.5~1厘米，被鳞片。花期4~5月，果期9~10月。

产于四川西南、贵州西北和云南，生于松林、高山栎林和灌丛，海拔2 500~3 800米。

花萼
叶背面鳞片
果实
雌蕊
花蕊

糙叶杜鹃花亚组

subsect. Scabrifolia Cullen

常绿小灌木，高1~3米。幼枝被鳞，有柔毛或分枝糙硬毛，或被柔毛杂有糙硬毛。叶片通常两面或至少上面被毛和鳞片，鳞小型，通常无边；密集至疏生，不邻接；成熟叶表面毛多少宿存。花序伞形或总状伞形，2~4花腋生于枝顶，通常数花序聚生；总轴不明显；花梗被鳞，有或无毛；花萼发育或退化，具明显的裂片或几不分裂，外面密被鳞，有或无毛；花冠管状或漏斗状钟形，白色、粉红色至深红色，裂片开展或直立，通常无毛。雄蕊8~10，较花冠稍长或近等长，花丝有柔毛或无毛。子房有密鳞片，通常被毛；花柱伸出，直立，通常无毛。

本书本亚组包括4种（亚种/变种）杜鹃花。

糙叶杜鹃花亚组分种检索流程图

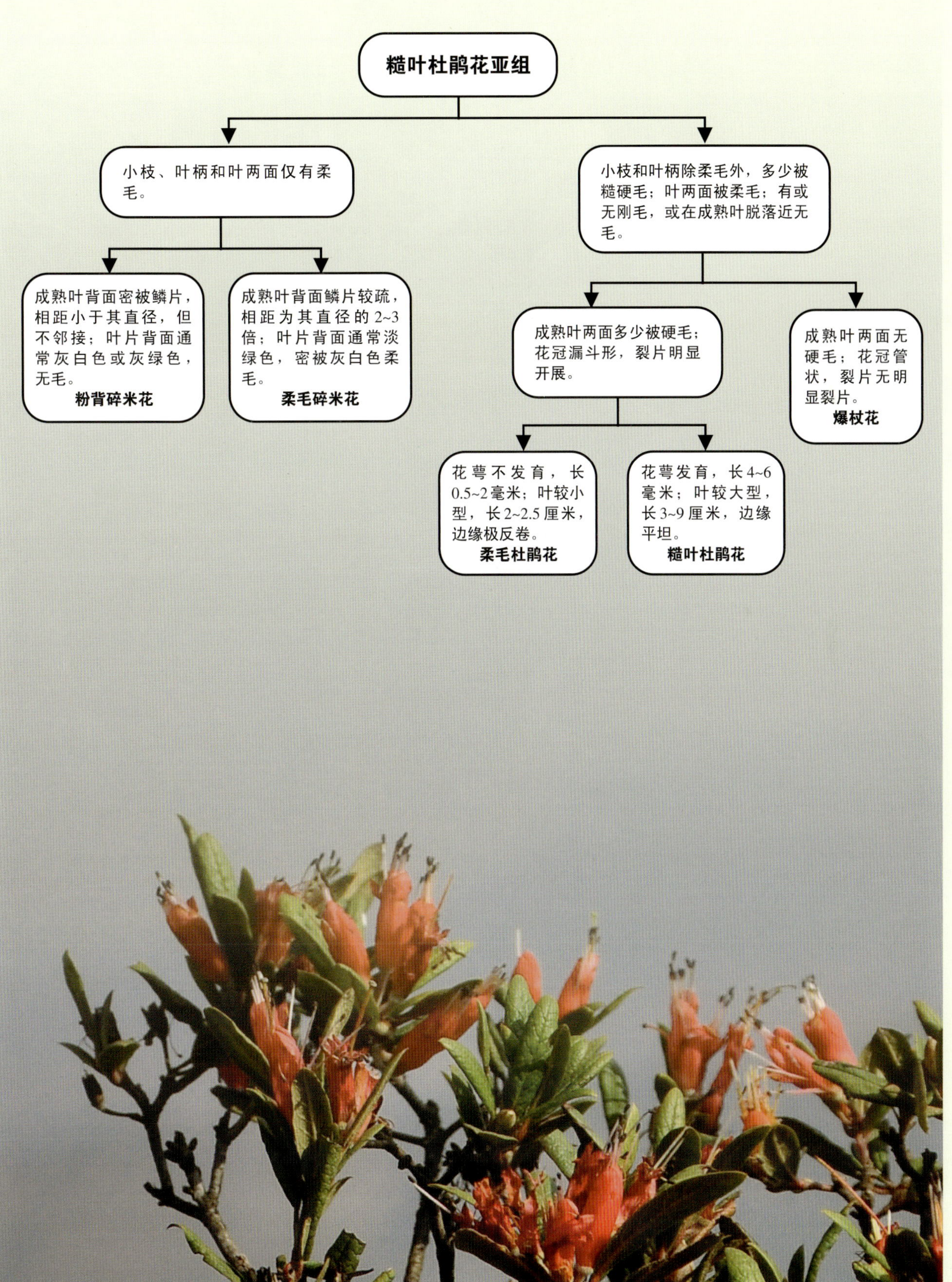

糙叶杜鹃花亚组 subsect. Scabrifolia

粉背碎米花 *Rhododendron hemitrichotum* Balf. f. et Forrest

幼果

小灌木，高0.5~1.5米，多分枝。幼枝密被白色短柔毛和褐色鳞片。叶片薄革质，长椭圆形、披针形或倒披针形，长1.5~4厘米，长0.5~1厘米，先端锐尖或短急尖，具尖头，基部楔形或稍钝，边缘反卷；叶表面深绿色，密被短柔毛，背面灰绿色或灰白色，无毛或沿中脉有少许毛，密被褐色鳞片和小乳突，鳞片相距小于其直径；叶柄长0.6~1.5毫米，密被柔毛或鳞片。花序腋生枝顶，2~4花，通常2~4花序聚生；花芽鳞至少在花期宿存，外面密被鳞片和微柔毛，边缘密生短纤毛；花梗被鳞片和毛；花萼小，浅杯状，无明显的裂片，外面密被鳞片，多少被毛；花冠阔漏斗状，长0.8~1.5厘米，粉红色或紫红色，有时白色带粉红色边，5裂至近中部，内面有或无更深色斑点，外面疏被鳞片。雄蕊8，较花冠稍长，花丝基部被短柔毛或近于无毛。子房密被鳞片和微柔毛；花柱细长伸出花冠外，基部洁净或被微柔毛。蒴果长圆形，被鳞片和微柔毛，长约6毫米。花期5月，果期9~10月。

产于四川西南部和云南西北部，生于松林、灌丛，海拔2 000~3 500米。

开裂果实

糙叶杜鹃花亚组　subsect. Scabrifolia

柔毛碎米花　*Rhododendron mollicomum* Balf. f. et W. W. Smith

幼枝

小灌木，高0.3~1.5米，有时更大型，叶芽鳞早落。幼枝密被灰白色短柔毛，覆盖少数褐色鳞片。叶片革质，狭长圆形、披针形或狭披针形，长1.5~4厘米，宽0.5~1.5厘米，顶端钝或渐尖，具短尖头，基部楔形渐狭，边缘反卷；叶两面被短柔毛，背面被鳞相距为其直径的2~3倍，毛沿叶脉更密；叶柄长4毫米，被鳞片和柔毛。花序腋生枝顶，有1~3花，通常数花序聚生；花芽鳞至少在花期宿存；花梗长5~8毫米，密被短柔毛，着生少数鳞片；花萼小，浅杯状，无显著裂片，外面密被柔毛，有鳞片；花冠管状漏斗形或狭漏斗形，粉红色、淡粉红色至淡红色，长2~2.5厘米，5裂至中部，外面疏生鳞片或无，散生柔毛。雄蕊8~10，伸出花冠外，花丝基部以上有微柔毛。子房密被白色柔毛，被鳞片；花柱较花冠长，下半部或基部被柔毛。蒴果圆柱形，长0.7~1.2厘米，被毛和鳞片。花期5月，果期10月。

产于四川西南部和云南西北部，生于松林和山坡灌丛，海拔2 300~2 700米。

叶片

糙叶杜鹃花亚组 subsect. Scabrifolia

柔毛杜鹃花 *Rhododendron pubescens* Balf. f. et Forrest

小灌木，高约1米，多分枝。幼枝短，密被短柔毛和细刚毛，老枝深灰色。叶片革质，狭披针形、狭椭圆形或窄倒披针形，长2~2.5厘米，宽5~6毫米，顶端锐尖，具短尖头，边缘反卷，基部楔形；成熟叶表面深绿色，密被白色短柔毛和细刚毛，疏生少数鳞片，背面灰绿色，较叶上面更密被柔毛和细刚毛，被鳞片；叶柄长约3毫米，毛被同幼枝。花序数个腋生于枝顶叶腋，近伞形，有2~4花；总轴不明显；花梗长6~8毫米，被短柔毛、刚毛和鳞片；花萼小，外面密被柔毛和鳞片，裂片不明显，边缘多少有细刚毛；花冠短管状漏斗形，长6~12毫米，5裂至中部以下，淡红色或淡粉色，裂片外面被鳞片。雄蕊8~10，伸出，花丝基部被短柔毛。子房被鳞片和微柔毛；花柱洁净。蒴果长圆形，有鳞片和疏柔毛。花期5月，果期8~10月。

产于四川西南部和云南，生于疏林和灌丛，海拔2 500~3 500米。

叶表面毛
叶背面毛和鳞片

糙叶杜鹃花亚组 subsect. Scabrifolia

爆杖花 *Rhododendron spinuliferum* Franch.

灌木，高0.5~2.5米。幼枝被灰色短柔毛，散生糙硬毛，老枝褐红色，近无毛。叶较大型，厚纸质或纸质，叶片倒卵形、椭圆状披针形、披针形或倒披针形，长3~11厘米，宽1.5~4厘米，顶端通常渐尖，稀锐尖，具短尖头，基部楔形；成熟叶表面黄绿色，有柔毛，背面被灰白色柔毛，毛沿叶脉密，被褐色或黄褐色鳞片，中脉、侧脉及网脉在上面凹陷致呈皱纹，近边缘被毛；叶柄长3~6毫米，多少着生柔毛、刚毛或鳞片。花序生小枝先端，伞形，有2~4花；花芽鳞至少在花期宿存，其苞片外面被柔毛，密被鳞；总轴被柔毛和鳞片；花梗长2~2.5厘米，密被灰白色柔毛和鳞片；花萼浅杯状，无明显裂片，被毛同花梗；花冠管状，两端略狭缩，长1.5~2.5厘米，朱红色、鲜红色或橙红色，5浅裂，裂片卵形，直立，花冠外面无毛。雄蕊10，略伸出花冠之外，花丝无毛。子房密被鳞片，有或无毛；花柱较雄蕊长，通常无毛。蒴果被柔毛和鳞片。花期3~6月，果期7~10月。

产于四川西南部、云南西部和东北部，生于松林、混交林、杂灌丛，海拔1 800~3 000米。

花序
幼枝和花萼

髯花杜鹃花组

sect. Pogonanthum G. Don

常绿小灌木，常丛生，高0.2~1米，稀可达2米。幼枝密被鳞，有或无毛，有时具宿存的叶芽鳞。叶小型，芳香，长1~5厘米，背面鳞片1~3层重叠，鳞片边缘不整齐，呈撕裂状或稀波状。花序顶生，排成头状、总状、伞形花序，花芽鳞脱落或多少宿存，芽鳞苞片边缘常分枝毛；花梗短；花萼稍两侧对称，明显5裂，外面被鳞，有或无毛，边缘通常具睫状毛；花冠狭管状、管状、高脚碟状或漏斗状高脚碟状，白色、粉红、红至紫色或黄色，在喉部内面常被一圈明显的髯毛，外面通常无鳞，有或无毛。雄蕊5~10，不伸出花管。子房小，花柱短，棍棒状，不伸出花管。蒴果被鳞片，果瓣木质；种子不具翅，但有暗色的鳍状纹。

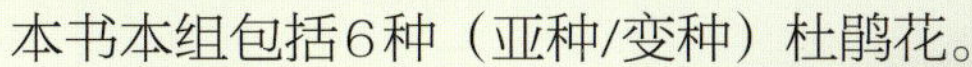

本书本组包括6种（亚种/变种）杜鹃花。

髯花杜鹃花组分种检索流程图

髯花杜鹃组

- 花萼较大，长2~7毫米。
  - 叶较小，长0.7~2厘米。
    - 叶上面暗绿色，老时无鳞片；叶下面鳞片深色。花萼裂片边缘具长缘毛，无鳞片；叶下面鳞片暗褐色。
      - 叶芽鳞宿存；花管外面被疏或密的柔毛。花冠外面有明显的鳞片；花萼裂片较小，长约3毫米。**水仙杜鹃**
      - 叶芽鳞早落；花管外面不被毛。**红背杜鹃花**
  - 叶较大，长2~5厘米。
    - 花管外面通常被毛，或被鳞片。
      - 花冠较大，长12~19毫米；花萼长约为花管的1/3；叶较大，长达3.5厘米；花萼外面被鳞片，边缘常有缘毛。**微毛杜鹃花**
    - 花管外无毛、无鳞片。
      - 叶芽鳞宿存。叶较小，长2~3.5厘米；叶芽鳞较小，线形至披针形，少叶，花萼较大，长4~7毫米。**毛喉杜鹃花**
      - 叶芽鳞早落。雄蕊5枚；花序有花10~20朵；花萼外面无鳞片。**烈香杜鹃花**
- 花萼小，长1~2.5毫米。
  - 花序花较多，常8~20朵；叶较窄狭，多为线形至倒卵状披针形；花冠筒外面无毛。**毛嘴杜鹃**

髯花杜鹃花组 sect. Pogonanthum

红背杜鹃花 *Rhododendron rufescens* Franch.

常绿小灌木，高不及1米，分枝短而密。幼枝被棕褐色鳞片，并略有小刚毛。叶芽鳞早落。叶片革质，芳香，椭圆形、卵状长圆形，罕为卵形，长1~2.5厘米，宽5~10毫米，顶端钝或圆，有小突尖，基部圆或渐窄，表面深绿色，成熟后无鳞片和毛，背面密被棕肉桂色或暗棕褐色鳞片，鳞片2~3层重叠着生成海绵状；叶柄长约2~5毫米，被鳞片。花序顶生，头状，有5~10花，花芽鳞在花期宿存；花梗短，长约2毫米，常有疏鳞片；花萼淡紫色，长3~4毫米，5深裂达基部，裂片长圆状椭圆形，外面常无鳞片，边缘有密而长的睫毛或鳞片；花冠狭筒状，长1.2~1.5厘米，白色或淡红白色，内面喉部密被髯毛，裂片近圆形，开展，外面常疏被鳞片。雄蕊5，内藏，花丝无毛。子房长约1毫米，被鳞片，花柱短而粗，长约1毫米，无毛。蒴果小，长约3毫米，卵圆形，被鳞片，包被于宿萼内。花期6月，果期10~11月。

产于青海、四川西南部、北部及中部，生于高山灌丛、草地矮灌丛，海拔3 600~4 600米。

花萼
叶背面鳞片
花冠
雌蕊
雌蕊
花蕊

髯花杜鹃花组 sect. Pogonanthum

水仙杜鹃花 *Rhododendron sargentianum* Reld. et Wils.

矮小灌木，通常伏生，高20~40厘米。分枝繁密，短而细，密被鳞片和细刚毛。叶芽鳞宿存。叶芳香，革质，椭圆形、宽椭圆形或卵形，长8~25毫米，宽3~8毫米，顶端圆，有小突尖，基部宽楔形至圆形，边缘反卷，表面深绿色，有光泽，幼时被鳞片，不久变光滑，背面淡褐色至锈色，密被具不等长柄的鳞片，2~3层重叠，最下层鳞片金黄色；叶柄长2~4毫米，密被鳞片。花序顶生，头状，具5~7花，排列疏松；花芽鳞脱落或宿存，约与花梗等长；花梗长2~8毫米，密被鳞片；花萼发达，5裂，裂片长圆形至倒卵形，长2~4毫米，外面被鳞片，边缘被长缘毛；花冠狭管状，长1~2.5厘米，淡黄色、黄色带白色、白色或乳白色，外面和裂片基部被明显的鳞片，内面密被柔毛。雄蕊5，内藏于花管，花丝光滑。子房卵圆形，长1~1.5毫米，密被鳞片，花柱与子房等长或稍短，直而粗壮，光滑。蒴果卵圆形，长约4毫米，疏生鳞片，被包于宿存的花萼内。花期5~6月，果期9~11月。

产于四川西部和中部，生于峭壁、矮灌丛，海拔3 000~3 900米。

鬚花杜鹃花组 sect. Pogonanthum

毛喉杜鹃花 *Rhododendron cephalanthum* Franch.

通常为匍匐状丛生小灌木，稀直立生长，高0.2~0.6米，稀达1米。幼枝被毛和鳞片。叶芽鳞宿存，线状至披针形。叶厚革质，长圆状椭圆形或长圆状卵形，芳香，长1~4厘米，宽0.5~2厘米，顶端圆或钝，有短突尖，基部常圆钝，边缘反卷，表面暗绿色，有光泽，无鳞片，无毛，背面密被淡黄褐色、黄褐色或带红褐色的鳞片，鳞片重叠成2~3层；叶柄长约3毫米，被鳞片。花序顶生，5~10花，密集成头状，花芽鳞在花期宿存，花梗长2~5毫米，被鳞片；花萼大，淡黄绿色，5深裂，裂片长圆形或卵形，长4~7毫米，外面被鳞片，边缘被长睫毛；花冠狭筒状，长0.8~1.5厘米，白色或粉红至玫瑰色，外面无鳞片，内面喉部被密髯毛，裂片5，开展。雄蕊5，稀7~8，内藏，花丝基部被毛。子房卵圆形，长1~2毫米，密被鳞片，花柱粗而短，与子房等长或较短，无毛。蒴果卵圆形，长3~6毫米，被鳞片，被包于宿存的萼内。花期5~6月，果期10月。

产于青海、四川西北部、云南北部、西北及中部、西藏东南部及南部，生于针叶林、杜鹃花灌丛，海拔3 000~4 700米。

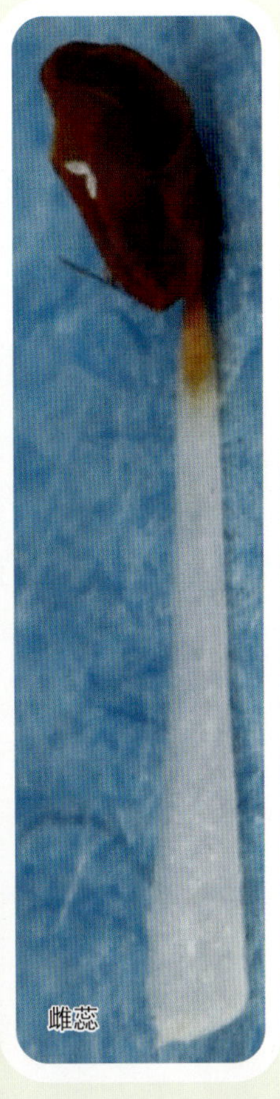

雌蕊

幼枝

花萼

叶背面鳞片

花冠外观

髯花杜鹃花组 sect. Pogonanthum

烈香杜鹃花 *Rhododendron anthopogonoides* Maxim.

常绿小灌木，通常直立生长，高1~1.5米。幼时密生鳞片或疏柔毛；叶芽鳞早落。叶片芳香，革质，卵状椭圆形、宽椭圆形至卵形，长2~3.5厘米，宽1~2厘米，顶端圆钝具小突尖头，基部圆或稍截形，叶表面蓝绿色，鳞片散生，无毛，背面被密而重叠成层的暗褐色和带红棕色的鳞片；叶柄长2~4（~5）毫米，被疏鳞片，上面有沟槽并被白色柔毛。花序伞形，通常有8~10花，有时达10~15，花芽鳞在花期宿存；花梗长1~2毫米，无鳞片，具柔毛。花萼发达，长3~4毫米，淡黄红色或淡绿色，外面无鳞片，边缘蚀痕状，具少数鳞片或睫毛；花冠狭筒状漏斗形，长1~1.5厘米，淡黄绿或绿白色，罕粉色，有浓烈的芳香，外面无鳞片，或稍有微毛。雄蕊5，内藏于花冠，花丝无毛或基部被柔毛。子房长1~2毫米，被鳞片，多少被柔毛，花柱短，约与子房等长，光滑。蒴果卵形，长3~4毫米，具鳞片，被包于宿萼内。花期5~6月，果期9~10月。

产于甘肃、青海及四川西北部，生于松林、灌丛中，海拔2 900~3 700米。

花萼

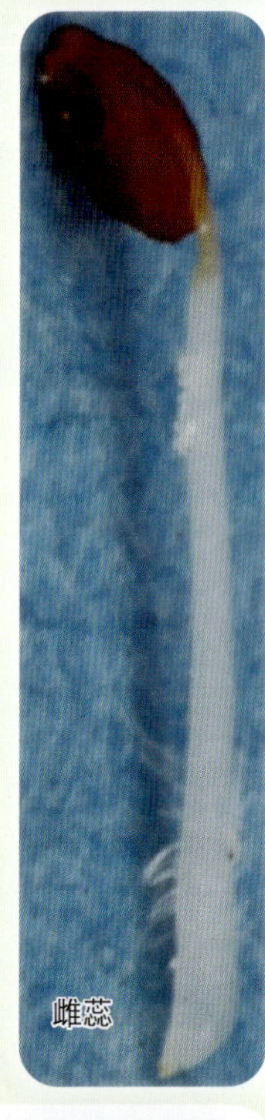

雌蕊

幼枝

叶背面鳞片

髯花杜鹃花组 sect. Pogonanthum

微毛杜鹃花（变种） *Rhododendron primuliflorum* Bur. et Franch. var. *cephalanthoides* (Balf. f. et W. W. Smith) Cowan

常绿小灌木，高0.3~1米，茎灰棕色，表皮常薄片状脱落。幼枝短而细，灰褐色，密被鳞片和短刚毛；叶芽鳞早落。叶薄革质，芳香，长圆形、长圆状椭圆形、至卵状长圆形，长0.8~3.5厘米，宽5~15毫米，先端钝，有小突尖，基部渐狭，叶表面暗绿色，鳞片多少脱落，背面密被重叠成2~3层、淡黄褐色、黄褐色或灰褐色鳞片；叶柄长2~5毫米，密被鳞片。花序顶生，头状，5~10花，花芽鳞早落；花梗长2~4毫米，被鳞片，无毛；花萼长3~6毫米，外面疏被鳞片，裂片长圆形、披针形至长圆状卵形，边缘多少被缘毛；花冠狭筒状漏斗形，长1.2~2厘米，白色或粉红色，内面喉部被长柔毛，外面多少被柔毛，或有时疏被鳞片。雄蕊5，花丝基部有短柔毛或光滑。子房有鳞片或无，花柱粗短，约与子房等长，光滑。蒴果卵状椭圆形，长4~5毫米，密被鳞片。花期5~6月，果期7~9月。

产于云南、西藏、四川，生于杜鹃花灌丛、杜鹃花–柳灌丛、白桦林中或高山灌丛草甸中，常为优势种，海拔（3 300~）4 000~5000米。

花萼
花冠
幼果
叶背面鳞片

髯花杜鹃花组　sect. Pogonanthum

毛嘴杜鹃花　*Rhododendron trichostomum* Franch.

常绿小灌木，高0.3~1（~1.5）米，分枝多而缠结。幼枝密被鳞片和小刚毛。叶芽鳞早落。叶革质，狭卵状披针形、狭倒披针形、线形或线状披针形，长0.8~3.2厘米，宽3~5毫米，先端尖或钝，具短尖头，基部楔形或圆形，边缘反卷，叶表面深绿色，有或无鳞片，叶背面常淡黄褐色至灰褐色，被重叠成2~3层的具长短不齐的有柄鳞片，最下层鳞片金黄色，较其它层色浅；叶柄长2~4毫米，被鳞片。花序顶生，头状，有10~15花，花芽鳞在花期存在，花密集；花梗长2~5毫米，被鳞片，有或无柔毛；花萼小，长0.5~2毫米，裂片长圆形至卵形，外面被鳞片或无，边缘常有鳞片并稍有缘毛；花冠狭筒状，长0.8~2厘米，白色、粉红色或蔷薇色，裂片开展，花管较裂片长，外面无鳞片，内面喉部被长柔毛。雄蕊5，花丝无毛或基部被微毛。子房长约1毫米，被鳞片，花柱粗而短，光滑。蒴果卵圆形至长圆形，长3~5毫米，密被鳞片。花期5~6月，果期10月。

产于云南西北部、西藏东南部、四川西部、青海南部，生于林中、丛林和灌丛中、高山草地灌丛，海拔3 000~4 000米。

花萼

雌蕊

花柱基部被毛

叶表面鳞片

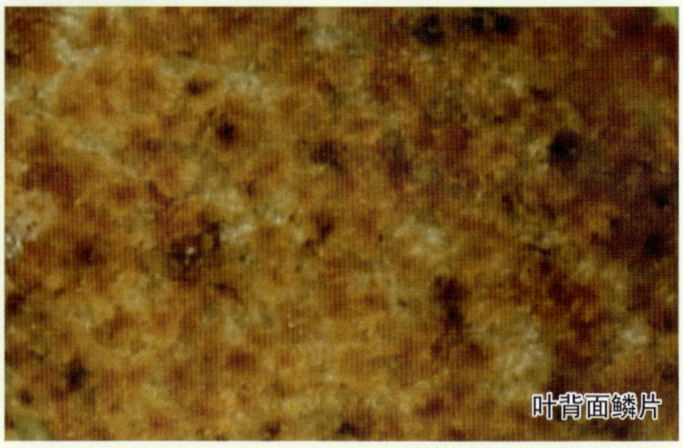

叶背面鳞片

常绿杜鹃花亚属

subgen. Hymenanthes (Blume) K. Koch

大型或中等大小的常绿灌木或乔木。叶革质或厚革质，叶片大小变化极大，无芳香；成熟叶两面无毛或被疏密、厚薄变化的毛被。花序松散至极密集，少花至20~30花形成顶生的大型总状伞形或短总状花序，稀单花顶生；花萼小，环状，稀增大发育成杯状，有或无；花冠5~10裂，形态和花色变化，稀在基部有深色的蜜腺囊，通常无芳香。雄蕊5~20，不等长，通常不伸出。子房常圆柱形或卵圆形，无毛或具稀或密的各式毛被，稀具腺体，花柱细长，常无毛或通顶被毛或腺体。蒴果大小和形态变化，具硬木质瓣膜；种子周边常具膜质的薄翅。

常绿杜鹃花组分亚组检索流程图

本书本亚属包括15个亚组：云锦杜鹃花亚组subsect. Fortunea Sleumer、圆叶杜鹃花亚组subsect. Williamsiana (Cowan et Davidian) Chamb. ex Cullen et Chamb.、大叶杜鹃花亚组subsect. Grandia Sleumer、杯毛杜鹃花亚组subsect. Falconera Sleumer、弯果杜鹃花亚组subsect. Campylocarpa Sleumer、麻花杜鹃花亚组 subsect Maculifera Sleumer、漏斗杜鹃花亚组 subsect. Selensia Sleumer、黏毛杜鹃花亚组 subsect. Glischra (Tagg) Chamb. ex Cullen et

常绿杜鹃花组

幼枝、叶柄通常有刚毛或腺头状刚毛。花冠5~6裂；雄蕊10~14。花冠管外面光滑无毛。

花冠管状钟形，基部有蜜腺囊。花序总轴长仅0.5~1厘米；花柱光滑或仅基部有腺体。花序常7~20花；叶先端短尖或圆形。

叶卵形至椭圆形；蒴果圆柱状，直。叶先端有短尖头至尖尾状，花序有5~20花。**麻花杜鹃花亚组**

叶披针形至椭圆形；蒴果弯曲。**露珠杜鹃花亚组**

花冠钟状至漏斗状钟形，白色、黄色至粉红色，基部无蜜腺囊。

叶尖端急尖，叶片下面有具柄腺体，糙伏毛至密绵毛。**黏毛杜鹃花亚组**

叶尖端圆形，短尖或有尖头，叶下面常无毛。

花冠漏斗状，狭窄；花柱光滑。**漏斗杜鹃花亚组**

花冠宽钟状，若为钟状则花柱有腺体到顶。**圆叶杜鹃花亚组**

花冠（5~）7~8（~10）裂；叶大型，椭圆形。

叶成熟后常无毛，或仅具黏结的一层薄毛被。

叶较小，长不到20厘米；子房常无毛，有腺体。

花冠宽钟状，基部无蜜腺囊；子房无毛，有腺体。**云锦杜鹃花亚组**

花冠钟状或管状钟形，基部有蜜腺囊；子房有薄毛混生腺体或无毛仅有腺体。**圆叶杜鹃花亚组**

叶长（9~）20~70厘米；子房被密绒毛，稀有腺体或无毛。**大叶杜鹃花亚组**

叶成熟后下面具明显的毛被。

叶下面有一或二层毛被，无杯状毛被。

子房无毛，稀有腺体和绒毛；叶下面常有厚或薄的毡毛状毛被。**大理杜鹃花亚组**

子房有绒毛，稀具腺体，若光滑则叶下面有粘结的毛被。**大叶杜鹃花亚组**

叶下面有二层毛被，上层毛被杯状。**杯毛杜鹃花亚组**

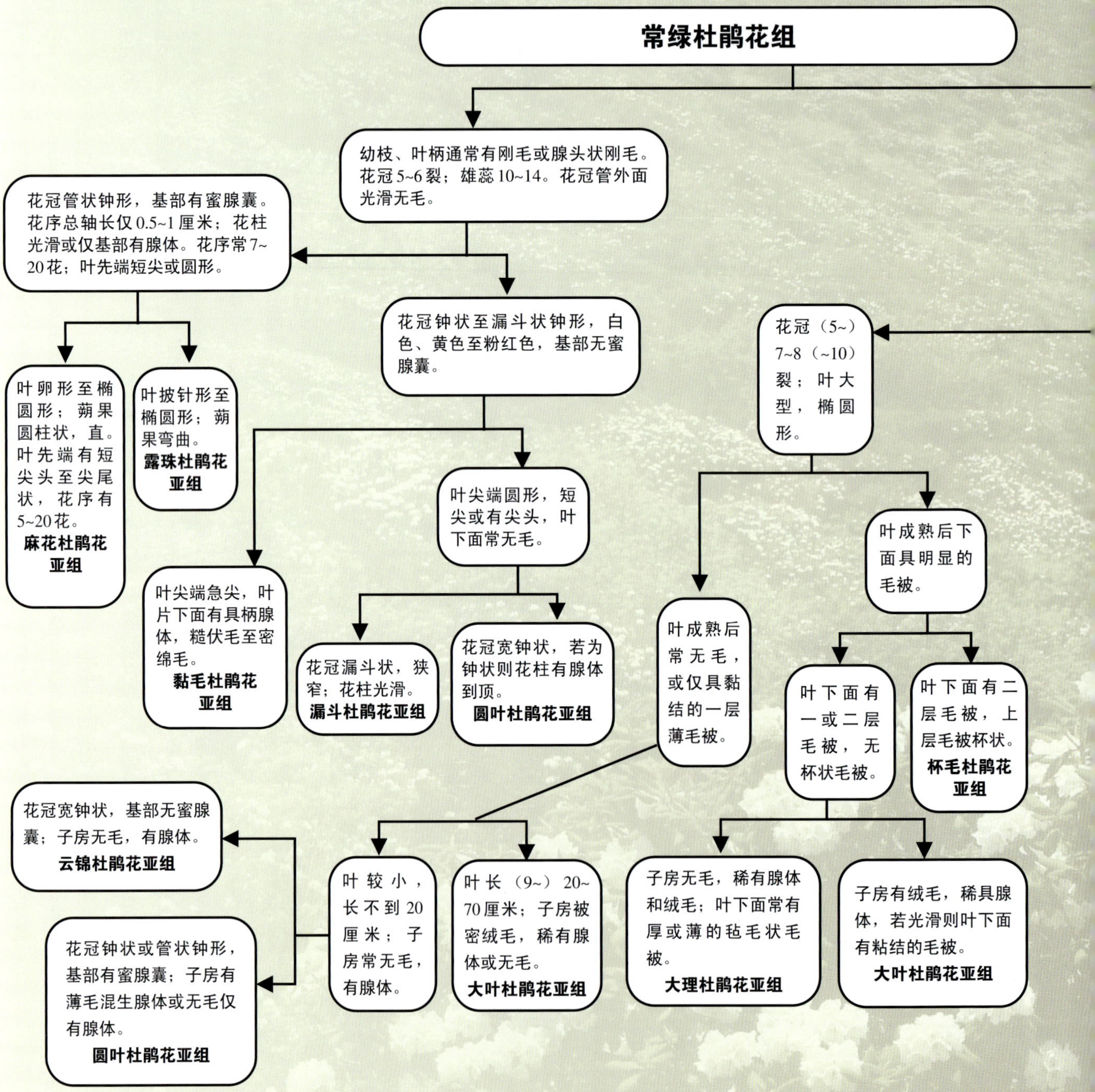

Chamb.、露珠杜鹃花亚组 subsect. Irrorata Sleumer、银叶杜鹃花亚组 subsect. Argyrophylla Sleumer、树形杜鹃花亚组 subsect. Arborea Sleumer、大理杜鹃花亚组 subsect. Taliensia Sleumer、镰果杜鹃花亚组 subsect. Fulva Sleumer、星毛杜鹃花亚组 subsect. Parishia Sleumer、蜜腺杜鹃花亚组 subsect. Thomsonia Sleumer。这些亚组可以通过下一页的分种流程图进行区分，共包括66种杜鹃花。

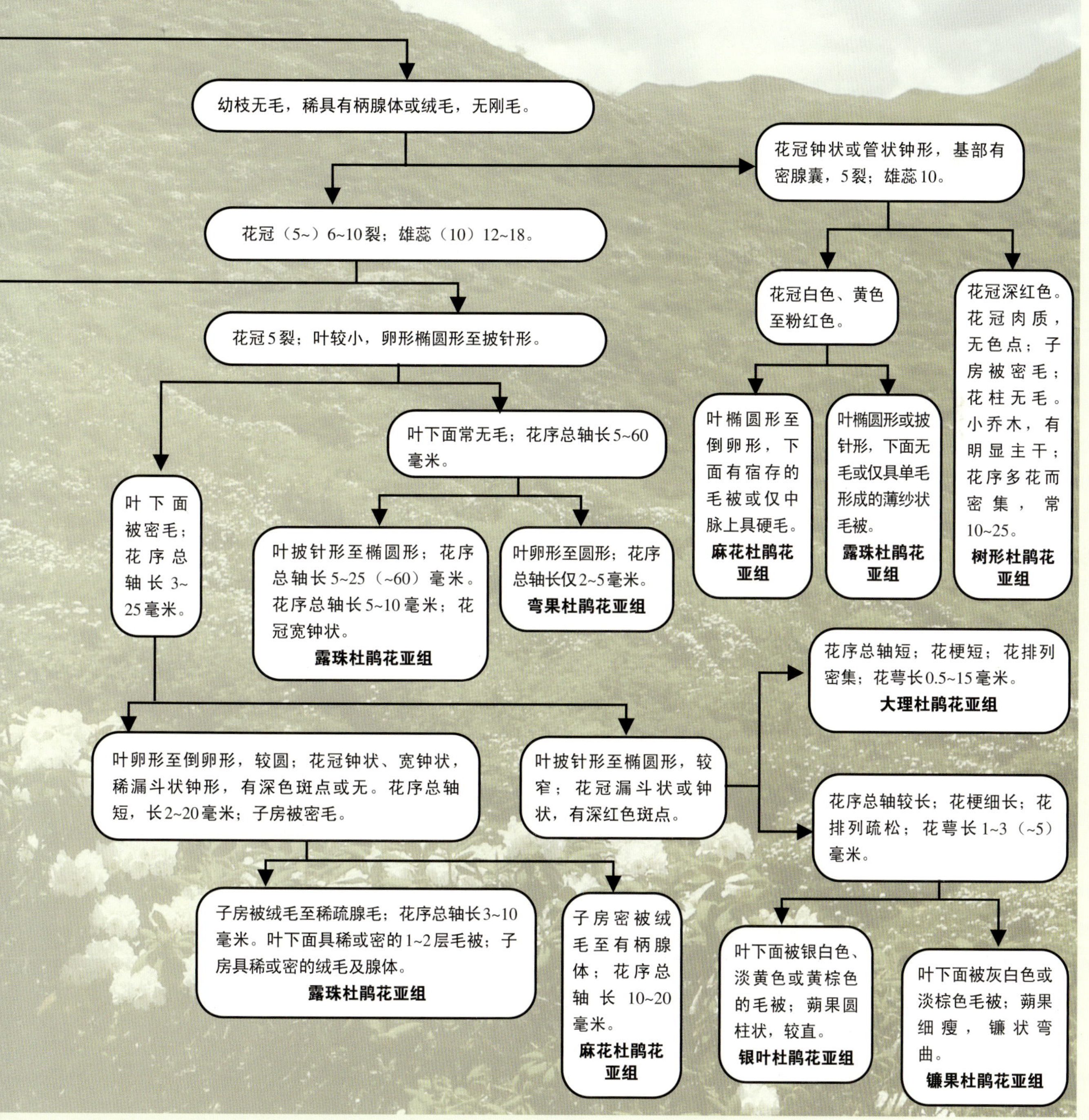

云锦杜鹃花亚组

subsect. Fortunea Sleumer

常绿灌木或小乔木，高1~15米，树皮粗糙。幼枝无毛或被薄层灰白色至灰色从卷毛，有或无长柄腺毛或腺头刚毛，通常变无毛。叶片倒披针形、椭圆形、长圆形、卵形或倒卵形至圆形，长5~35厘米，宽1.5~12厘米，基部楔形、圆形、近心形或耳形，边缘光洁，具腺毛或腺头刚毛；成熟叶表面成熟后无毛，背面无毛或极散生毛，有时毛仅沿中脉宿存，在成熟植株绝无覆盖叶片的毛被。花序顶生，有5~30花；总轴不明显或极发育，有时被腺毛；花萼小型或退化，长1~4毫米，环形，边缘波状或有明显裂片；花冠漏斗状钟形、钟形至宽钟形，内面基部通常无蜜腺囊（早春杜鹃花 *Rhododendron praevernum* 除外），裂片5~8。雄蕊通常多数，10~20，花丝通常无毛。子房5~10室，密被有柄腺体或腺头刚毛，稀无毛；花柱有或无腺体。蒴果圆柱形、长圆柱形，表面由于具脱落的毛基或痕迹而显粗糙。

本书本亚组包括13种（亚种/变种）杜鹃花。

云锦杜鹃花亚组分种检索流程图

云锦杜鹃花亚组

柱头大，盘状，宽5~6.5毫米。

花冠阔钟形或钟形，花冠外面无腺体。花较大，花冠长1.2~1.9厘米；花萼长2~3毫米。

花冠钟形，淡红色至白色，裂片5；雄蕊18~20；叶宽倒披针形，稀长圆状椭圆形，长17~26厘米，宽3~9厘米，下面成长后尚有残存的星状毛。
汶川星毛杜鹃花

花冠阔钟形，红色或粉红色至白色，裂片5~7；雄蕊15~22；叶长圆状倒披针形或长圆状披针形，长11~30厘米，宽4~7.8厘米，下面无毛或有时在中脉上有稀少的毛。
美容杜鹃花

花冠斜钟形或漏斗状钟形至宽漏斗状钟形；花冠外面有疏生的腺体。

花冠漏斗状钟形，长9.5~10.5厘米，裂片7；雄蕊15；叶狭长圆形，稀长圆状倒披针形，长14~17.5厘米，宽3~4.5厘米。
卧龙杜鹃花

花冠宽漏斗状钟形，长3~5厘米，裂片7~8；雄蕊13~16（~17）；叶长圆形，长圆形至长圆状倒卵形，长5~14.5厘米，宽3~5.7厘米。
大白杜鹃花

叶柄较短，长1~2.5厘米；花丝有或无毛。

雄蕊14，花丝基部有微柔毛；椭圆形，长4.5~6.6厘米；叶柄圆柱形，长1.8~2.2厘米，无毛；花梗长1.5~2.2厘米，疏生疣体及短柄腺体；花冠宽漏斗形，白色，基部粉红色，裂片7。
疣梗杜鹃花

雄蕊12~16，花丝无毛。叶片基部楔形，稀近于浅心形。

叶长圆状披针形或倒披针形，长10~16厘米；花萼长1~1.5毫米，外面具短柄腺体；花冠阔钟形，玫瑰红色或紫红色，裂片7~8；雄蕊13~15，花柱无毛或在基部有少数短柄腺体。
腺果杜鹃花

叶长圆状椭圆形至长圆状倒披针形，长9.5~18厘米；花萼长2~5毫米，外面有稀疏的腺体，边缘有纤毛及短柄腺体；花冠漏斗状钟形，淡红色至白色，裂片7；雄蕊14~16，花柱通体被淡黄白色短柄腺体。
喇叭杜鹃花

柱头小，头状或盘状，宽1.5~4（~5）毫米。
子房及花柱无毛；幼枝多少被绒毛或微柔毛；花丝基部有白色微柔毛。
叶椭圆状倒披针形，长（9）10~19.5厘米；花冠钟形，花冠长5.8~6.2厘米，白色或带蔷薇色，内面近基部有淡灰色微柔毛，上方有一枚紫红色的大斑块和许多小斑点白色或带蔷薇色，裂片5；雄蕊15~16。
早春杜鹃花
叶狭椭圆形或倒披针状椭圆形，长4.5~10厘米；花冠钟形，长3.5~4.5厘米，淡红色，内面有或无紫色斑点，无毛，裂片7~8；雄蕊12~14。
山光杜鹃花
子房密被腺体。
子房密被红色或红褐色腺体。
亮叶杜鹃花
子房密被短柄腺体或腺体。
叶柄较长，长1.8~7.5厘米；花丝无毛。
子房密被腺体；花柱被腺体；花梗多少具有柄腺体。
子房被短柄腺体；花柱无腺体；叶阔卵形，长5.5~11.5厘米，基部心状耳形，耳片常互相叠盖；花梗长2.5~3.5厘米，有稀疏的短柄腺体；花冠钟形，蔷薇红色，雄蕊14。
团叶杜鹃花
叶较大，长圆形至长圆状卵形，长9~21厘米，基部耳状心脏形，边缘波状；花梗长3~4厘米；花冠钟形，白色；雄蕊14~16。
波叶杜鹃花
叶较小，长圆形至长圆状椭圆形，长8~14.5厘米，基部圆形或截形，稀近于浅心形，边缘非波状；花梗长2~3厘米；花冠漏斗状钟形，粉红色；雄蕊14。
云锦杜鹃花

云锦杜鹃花亚组 subsect. Fortunea

美容杜鹃花 *Rhododendron calophytum* Franch.

花冠

花萼

花丝基部毛

叶背面毛

幼果

中等或大型灌木，有时乔木状，树皮黄灰色或棕褐色，片状剥落。幼枝初被白色白柔毛，变无毛。叶片厚革质，长圆形、倒披针形或长圆状披针形，长11~35厘米，宽4~8厘米，先端突尖成钝圆形，基部渐狭成楔形，边缘微反卷，成熟叶表面淡绿色，无毛（展开前被白色从卷毛），背面淡绿色，成熟后无毛或沿中脉具被毛痕迹，侧脉16~22对，两面明显或稍显；叶柄长2~3厘米，无毛。总状伞形花序，有15~25花或更多；总轴被白色柔毛或无毛；花梗长3~6.5厘米，淡紫红色、粉红色或淡粉绿色；花萼小，边缘波状或有明显裂片，裂片齿状三角形或近圆形，无毛；花冠阔钟形，长4~6厘米，红色或粉红色至白色，基部略膨大，内面基部上方有1枚紫红色或黄绿色斑块，裂片5~7，顶端有明显的缺刻。雄蕊15~22（25），较花冠和花柱短，花丝基部被柔毛或无毛。子房卵圆形，14~16室，长约6毫米，无毛；花柱不伸出，无毛，柱头大，盘状，直径5~8毫米。蒴果斜生，长圆柱形至长圆状椭圆形，长2~4.5厘米，直径1~1.5厘米。花期4~5月，果期10~12月。

产于陕西南部、甘肃西南部、湖北西部、四川和云南东北部，生于常绿阔叶林、混交林和杜鹃花灌丛，海拔1 800~3 500米。

幼枝

云锦杜鹃花亚组 subsect. Fortunea

汶川星毛杜鹃花 *Rhododendron asterochnoum* Diels

灌木或小乔木，高2~6米。幼枝被很快脱落的白色、淡灰白色或淡黄褐色绒毛。叶片革质，倒披针形，极少为稀长圆状椭圆形，长18~30厘米，宽3~9厘米，先端钝或圆形，有小突尖头，基部楔形，边缘反卷；叶表面深绿色，无毛，背面淡灰绿色或淡绿色，幼时密被灰白色或淡灰褐色星状绒毛，毛多脱落，成熟后毛极散生，沿叶脉或附近较密，侧脉18~22对，在背面极明显突起；叶柄长1.5~3厘米，两侧有狭翅，幼时被绒毛，后即脱净。顶生短总状伞形花序，有11~20花；总轴长1~2.5厘米，散生少数白色星状毛；花梗长1.5~6厘米，带红色，无毛或疏被毛，有或无腺毛；花萼小，长1~2毫米，5小齿裂，裂片三角状或卵圆形，无毛；花冠漏斗状钟形，长3~5厘米，淡红色至白色，裂片5，近圆形，顶端有缺刻。雄蕊18~20，较花冠短，花丝基部有柔毛。子房卵状圆锥形，长8~10毫米，无毛；花柱不伸出，无毛，柱头大，盘状，宽5~5.5毫米。蒴果斜生，长1.5~3厘米，直径9~11毫米，无毛。花期4~5月，果期10月。

产于四川西部和西北部，生于林中，海拔2 200~3 600米。

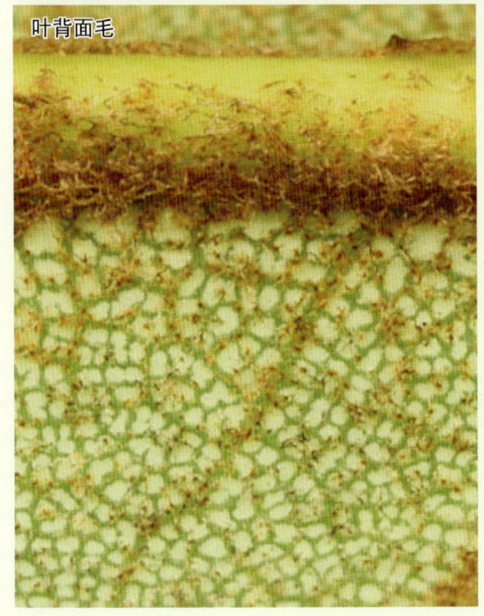

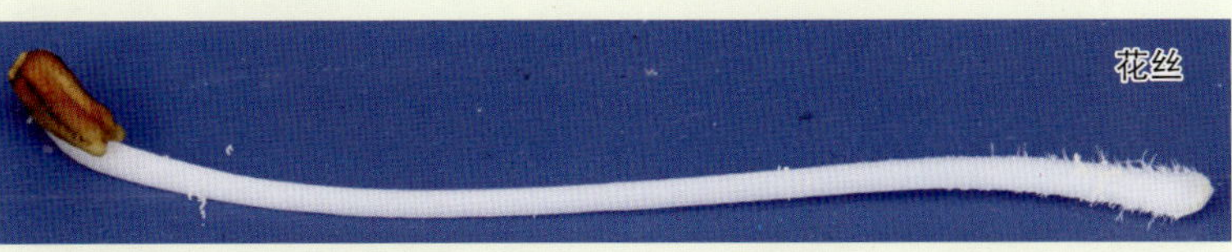

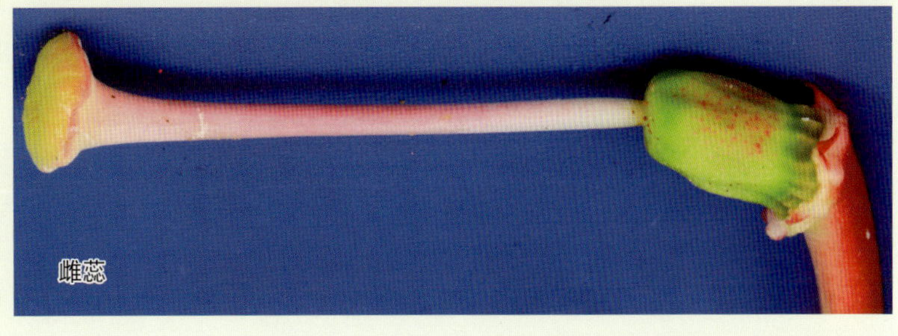

云锦杜鹃花亚组 subsect. Fortunea

卧龙杜鹃花 *Rhododendron wolongense* W. K. Hu

小乔木，高4~6米。幼枝绿色，有明显近于圆形的叶痕。叶革质，狭长圆形，稀长圆状倒披针形，长14~17.5厘米，宽3~4.5厘米，先端钝，基部圆形或近心形，不对称，边缘微反卷；叶表面绿色，背面粉白色，无毛，中脉在上面凹下，下面隆起，侧脉21~25对；叶柄长1.6~2.1厘米，淡黄绿色，无毛。顶生短总状伞形花序，有5~6花；总轴长约2厘米；花梗长1.8~2厘米，均疏被腺体；花萼小，长1.5~2毫米，外面有稀疏的腺体，先端有5~6枚齿状裂片；花冠漏斗状钟形，长9.5~10.5厘米，直径7.5~8.5厘米，白色，外面近基部有稀疏的腺体，内面疏生白色微柔毛，裂片7，顶端无缺刻。雄蕊15，不等长，长5.7~7.5厘米，花丝白色，下部渐宽，有白色微柔毛。子房卵状圆锥形，长7.5毫米，直径4毫米，密被短柄腺体，花柱通体被短柄腺体，柱头盘状，宽5毫米。花期6~7月，果期11~12月。

产于四川西北部，生于山谷阔叶林中，海拔1 600~1 700米。

子房

花萼

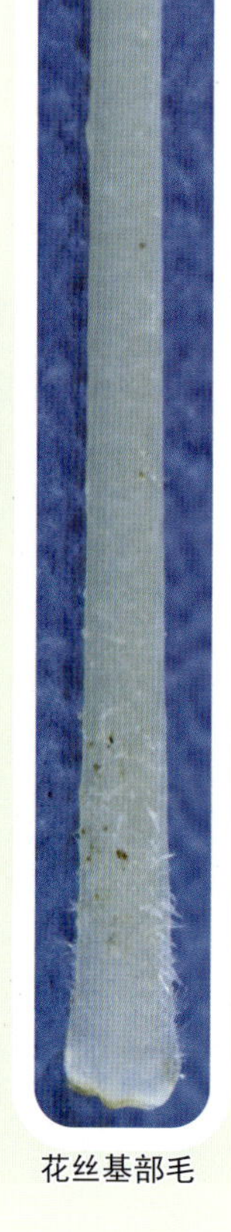

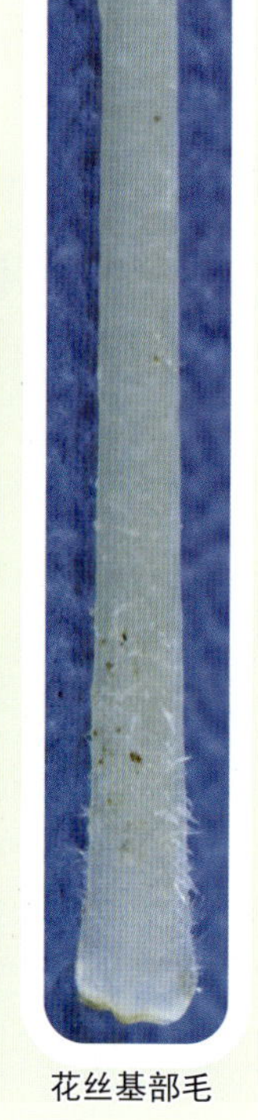
花丝基部毛

花冠被腺体

花冠内毛

云锦杜鹃花亚组 subsect. Fortunea

大白杜鹃花 *Rhododendron decorum* Franch.

常绿灌木或小乔木，高 1.5~5 米。幼枝绿色、淡紫红色或淡绿色，初被灰白色柔毛，变无毛。叶厚革质，长圆形、长圆状卵形至长圆状倒卵形，长 5~14.5 厘米，宽 3~5.7 厘米，先端钝或圆，基部楔形或钝，稀近于圆形，无毛，边缘反卷，成熟叶两面无毛，表面暗绿色，蜡质，背面淡白绿色；叶柄长 2~4 厘米，无毛。顶生总状伞房花序，有 8~10 花；总轴长 2~3 厘米，散生腺体；花梗长 1.5~4 厘米，被腺体；花萼小，长 1.5~2 毫米，6~7 裂，裂片小齿状三角形，边缘被睫毛状腺体；花冠宽漏斗状钟形，芳香，长 3~10 厘米，直径 5~9 厘米，淡粉红色或白色，内面基部有白色微柔毛，外面有稀少的白色腺体，裂片 6~8，近于圆形，顶端有缺刻。雄蕊 13~20，较花冠和花柱短，花丝基部密被柔毛。子房圆柱形，长约 6 毫米，全体密被白色或黄白色有柄腺体；花柱较花冠短，通体被腺体。蒴果长圆柱形，长 2.5~4 厘米，直径 1~1.5 厘米。花期 4~5 月，果期 10 月。

产于四川、贵州、云南，生于常绿阔叶林、混交林、针叶林和杜鹃花灌丛，有时形成纯灌丛，海拔 1 000~3 700 米。

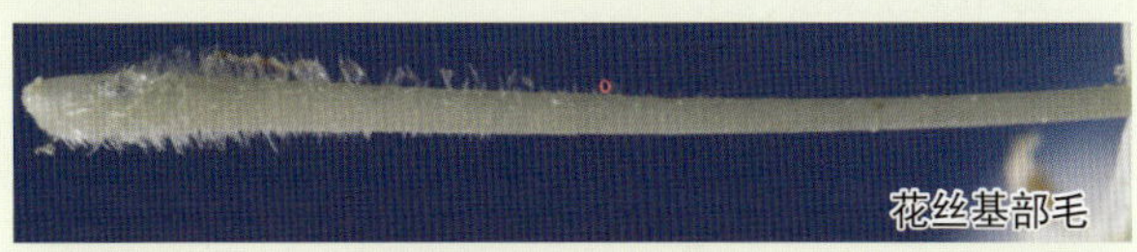
花丝基部毛

花冠内毛和斑点

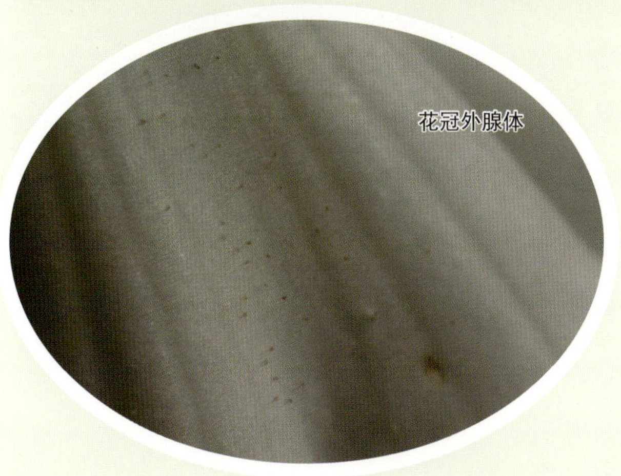
花冠外腺体

花萼

云锦杜鹃花亚组 subsect. Fortunea

早春杜鹃花 *Rhododendron praevernum* Hutch.

灌木，高1.5~2.5米。幼枝密被灰白色柔毛，毛多少脱落或变无毛。叶片革质，长圆形、椭圆状披针形，长10~20厘米，宽3~7.5厘米，先端锐尖，基部楔形至宽楔形，边缘反卷，成熟叶两面无毛；叶柄长1.5~2.5厘米，幼时被柔毛，变无毛。顶生短总状伞形花序，有7~10花；总轴1~1.5厘米，被柔毛；花梗长1.5~3厘米，无毛；花萼小，长1.5~2毫米，5小齿状裂，无毛；花冠钟形，长5~6厘米，冠檐径6~7.5厘米，白色或白色带粉红色，内面近基部被柔毛，上方裂片内面具多数紫色斑点，基部具一紫红色斑块。雄蕊15~16，较花冠和花柱短，花丝下部被柔毛。子房圆锥形，长约8毫米，10~12室，无毛；花柱较花冠稍短或近等长，无毛。蒴果长圆柱形，长2.5~4厘米，直径8~12毫米。花期4月，果期10月。

产于陕西、湖北西部、四川、贵州和云南东北部，生于常绿阔叶林或混交林，海拔1 500~2 500米。

花冠内毛
花蕊
花序轴
花萼

云锦杜鹃花亚组　subsect. Fortunea

山光杜鹃花　*Rhododendron oreodoxa* Franch.

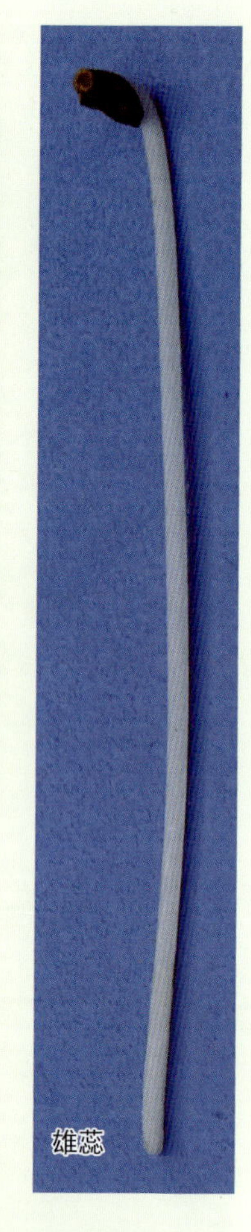

雄蕊

花萼

开裂果实

幼果

常绿灌木或小乔木，高 1.5~3 米。幼枝被灰白色绒毛，变无毛。叶片革质，椭圆形或倒卵状椭圆形，长 4.5~10 厘米，宽 2~4 厘米，先端钝或圆形，略有小尖头，基部钝至圆形，成熟叶两面无毛，背面淡白绿色，表皮具乳突，表面深绿色；叶柄长 1~2.5 厘米，散生脱落的腺毛。顶生总状伞形花序，有 6~12 花；总轴长 5~8 毫米，被腺体及绒毛；花梗长 1.5~2 厘米，散生腺体或褐色柔毛；花萼小，长 1~3 毫米，边缘具 6~7 枚宽卵形至宽三角形浅齿，外面多少被有腺体；花冠钟形，长 3.5~4.5 厘米，淡粉红色，内面无毛或被柔毛，有或无紫色斑点，裂片 6~8，近圆形，顶端有缺刻。雄蕊 14~16，较花冠和花柱短，花丝基部无毛或略有白色微柔毛。子房圆锥形，长 5~8 毫米，无毛或被有柄腺体；花柱较花冠稍短或近等长，无毛或密被腺体。蒴果长圆柱形，长 1.8~3.2 厘米，直径 5~10 毫米，稍弯曲，无毛。花期 4~5 月，果期 10~11 月。

产于甘肃南部、湖北西部、重庆和四川，生于林中和杜鹃花灌丛，海拔 2 100~3 500 米。

云锦杜鹃花亚组 subsect. Fortunea

亮叶杜鹃花 *Rhododendron vernicosum* Franch.

常绿灌木或小乔木，高1.5~5米。幼枝散生腺体，变无毛。叶片革质，长圆状卵形至长圆状椭圆形，长5~12.5厘米，宽3~5厘米，先端钝至宽圆形，基部宽或近圆形；成熟叶两面无毛，背面淡白灰绿色，表面深绿色，具蜡质；叶柄长1.5~3.5厘米，无毛。顶生总状伞形花序，有6~10花；总轴长约1厘米，散生腺体和柔毛；花梗长2~3厘米，疏生短柄腺体；花萼小，裂片7（~8），外面和边缘密被腺体；花冠宽漏斗状钟形，长3.5~5厘米，淡粉红色或白色带粉红色，裂片7，近于圆形，顶端有缺刻。雄蕊14，较花冠和花柱短，花丝无毛。子房圆锥形，6~7室，长5毫米，密被短柄腺体；花柱较花冠稍短，全体被近无柄腺体。蒴果长圆柱形，斜生，微弯曲，长3~4厘米，有或无腺体。花期5月，果期10~11月。

产于四川西部、云南西部和西藏东南部，生于林中，海拔2 600~4 000米。

子房
花萼
幼枝
叶背面鳞片
花蕊

云锦杜鹃花亚组 subsect. Fortunea

团叶杜鹃花 *Rhododendron orbiculare* Decne.

灌木，高1~2米。幼枝无毛。叶片厚革质，长圆形至近圆形，长5.5~11厘米，宽5.5~12厘米，先端钝圆有小突尖头，基部耳状心形，耳片常互相叠盖，成熟叶两面无毛，表面深绿色，下面淡绿色至灰白色，在放大镜下可见有小毛残点，侧脉10~14对，在两面不明显；叶柄长3~7厘米，近于光滑或有少数腺体。顶生伞房花序疏松，有3~15花；总轴长1.5~3厘米，多少具腺体；花梗长2.5~5厘米，被稀疏短柄腺体及白色微柔毛；花萼小，长1~1.5毫米，边缘波状，被腺体；花冠钟形，长3~4厘米，粉红色、玫瑰色或颜色更深，外面无毛，裂片7，近圆形，全长中部以上或近1/3，顶端有浅缺刻。雄蕊14，较花冠和花柱短，花丝无毛或多少被柔毛。子房圆锥形，长8毫米，密被腺体；花柱较花冠短，无毛或被腺体，柱头宽约2.2毫米。蒴果圆柱形，弯曲，长1.5~2.5厘米，直径1厘米，有或无腺体。花期5~6月，果期10~11月。

产于四川，生于林中，海拔950~3 500米。

花萼

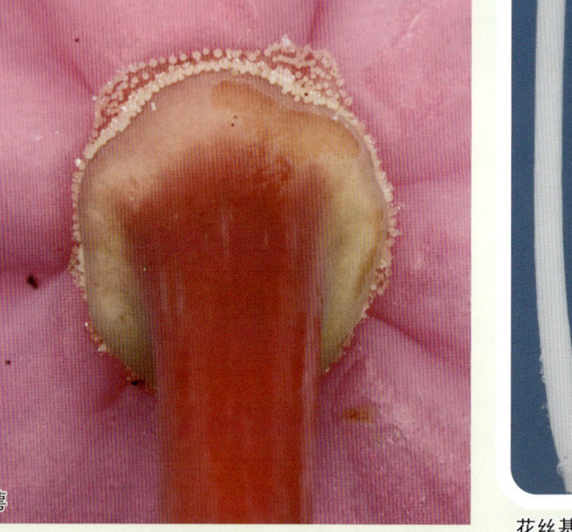

花丝基部毛

子房

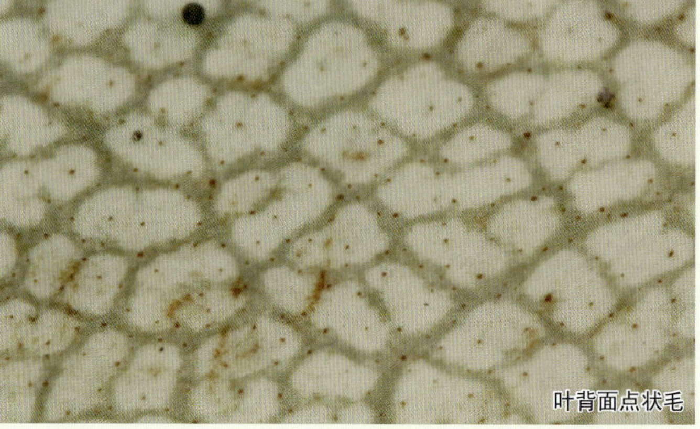

叶背面点状毛

云锦杜鹃花亚组 subsect. Fortunea

波叶杜鹃花 *Rhododendron hemsleyanum* Wils.

常绿灌木，高2~3米。幼枝被柔毛。叶片厚革质，卵圆形、卵状椭圆形、长圆形至长圆状卵形，长9~25厘米，宽4~11厘米，先端圆，具尖头，基部耳状心形，边缘波状；表面深绿色，略光亮，无毛，背面淡绿至白绿色，具小乳突，近基部散生有柄腺体；叶柄长5~5.5厘米，具有柄腺体或无毛。顶生总状伞形花序，有5~8花；总轴长4~5厘米，散生腺体；花梗长2.5~3厘米，被有柄腺体或无毛；花萼带淡紫色，长1~1.5毫米，外面被有柄腺体，边缘波状；花冠宽钟形，长4.5~6厘米，白色，外面向基部有稀疏的腺体或无毛，有时在内面基部被柔毛，6~7裂至近中部，裂片近圆形，顶端有缺刻。雄蕊10~16，较花冠和花柱短，花丝无毛。子房长约7毫米，密被腺体；花柱较花冠稍短或近等长，通体被腺体，柱头宽约4毫米。蒴果圆柱形，长2~4厘米，直径1~1.5厘米，具残存腺体或被毛痕迹。花期4~5月，果期10月。

产于四川和云南，生于林中，海拔1 200~2 000米。

子房

幼果

幼枝和叶芽

云锦杜鹃花亚组 subsect. Fortunea

云锦杜鹃花 *Rhododendron fortunei* Lindl.

常绿灌木或小乔木，高3~4米。幼枝初具腺体，变无毛。叶片厚革质或革质，长圆形至长圆状椭圆形，长7~20厘米，宽3~8厘米，先端钝至近圆形，基部圆形、近圆形或钝，稀近于浅心形；表面深绿色，有光泽，无毛，成熟叶背面淡灰绿色，基部有时散生柔毛；叶柄长1~3厘米，疏被腺体。顶生总状伞形花序疏松，有6~12花，有香味；总轴长2~4厘米，淡绿色，具腺体或无；花梗长2~3.5厘米，被腺体或无毛；花萼小，长1~2毫米，边缘有浅裂片7，外面有或无腺体，边缘具腺体；花冠阔漏斗形或漏斗状钟形，芳香，长4.5~7厘米，直径7~9厘米，粉红色、淡粉红色、白色，外面有稀疏腺体，裂片7。雄蕊14~16，较花冠和花柱短，花丝无毛。子房圆锥形，长约5毫米，密被腺体，10室；花柱较花冠短，通体被腺体。蒴果长圆状卵形至长圆状椭圆形，直或微弯曲，长2.5~4厘米，直径6~10毫米，表面密被腺体残迹。花期4~5月，果期10~11月。

产于湖北、安徽、江西、福建、广东、广西、四川、浙江，生于山坡林中，海拔700~2 000米。

花冠

花萼和花序轴

子房

雌蕊

花蕊

云锦杜鹃花亚组 subsect. Fortunea

疣梗杜鹃花 *Rhododendron verruciferum* W. K. Hu

雌蕊

常绿灌木，高2~3米。幼枝无毛。叶片革质，椭圆形或长圆形，长4.5~7厘米，宽2~3厘米，先端钝有小尖头，基部宽楔形或近于狭圆形，边缘反卷；表面暗绿色，背面淡绿色或近灰绿色，略有微柔毛，侧脉13~15对，表面稍显，背面明显；叶柄圆柱形，长1.8~2.5厘米，成长后无毛。顶生短总状伞形花序，有7~9花；总轴长约6毫米，被微柔毛；花梗长1.5~2.5厘米，疏生疣体及腺体；花萼小，长约1.5毫米，裂齿7，外面被腺体；花冠阔钟形，长2.5~3厘米，白色，基部粉红色，无毛，裂片7，近于圆形。雄蕊14，花丝有白色微柔毛。子房圆柱形，长约4毫米，密被腺体；花柱较花冠短，密被腺体，柱头小，宽约2毫米。花期5月，果期未知。

产于四川，生于裸子植物林，海拔3 300~3400米。

叶背面

云锦杜鹃花亚组 subsect. Fortunea

喇叭杜鹃花 *Rhododendron discolor* Franch.

常绿灌木或小乔木，高1.5~5米。幼枝无毛。叶片革质，长圆状椭圆形、长圆状披针形或狭长圆形，长9~25厘米，宽2.5~6厘米或更宽，先端钝，基部楔形、阔楔形或截形，边缘反卷；成熟叶两面无毛，表面深绿色，背面色淡，侧脉约21~25对，两面稍显；叶柄长1.5~3.5厘米，无毛。顶生短总状花序，有5~10花；总轴长2~5厘米，无毛或疏被腺体；花梗长2~5厘米，无毛或略有腺体；花萼小，长1~2毫米，裂片5~7，近圆形，外面和边缘被腺体；花冠漏斗状钟形，长5~11厘米，淡红色至白色，内面无毛，裂片7，近于圆形，顶端有缺刻。雄蕊14~16，较花冠和花柱短，花丝无毛或下半部散生毛。子房圆锥形，长约7毫米，密被腺体；花柱较花冠稍短或近等长，通体被腺体。蒴果长圆柱形，长3~5厘米，直径1~1.5厘米，具毛脱落痕迹。花期5~7月，果期10~11月。

产于陕西、安徽、浙江、江西、湖北、湖南、广西、四川、贵州和云南东北部，生于林中，海拔900~1 900米。

云锦杜鹃花亚组 subsect. Fortunea

腺果杜鹃花 *Rhododendron davidii* Franch.

常绿灌木或小乔木，高2~5米。幼枝无毛。叶片厚革质，狭长圆状倒披针形或倒披针形，长8~25厘米，宽3~4.5厘米，先端急尖或突然渐尖，基部楔形，边缘反卷，成熟叶两面无毛，表面深绿色，下面淡绿色，具蜡质，侧脉12~17对，背面突起，表面稍显；叶柄长1.5~2.5厘米，淡粉紫色、紫色或淡绿色，无毛。顶生总状花序，有6~12花；总轴长5~8厘米，被腺体或绒毛；花梗长1~2厘米，密被腺体；花萼小，盘状，6~8小齿裂，外面具有柄腺体；花冠阔钟形，长3.5~4.5厘米，粉紫色或紫红色，内面具更深色斑点，外面散生短柄腺体，裂片7~8，卵形至圆形。雄蕊14~16，较花冠和花柱短，花丝无毛。子房圆锥形，长4~5毫米，密被有柄腺体；花柱较花冠稍长或近等长，无毛或在基部有少数短柄腺体。蒴果圆柱形，长1.5~2厘米，基部斜生，稍弯曲。花期3~4月，果期7~8月。

产于四川西部及云南东北部，生于林中或灌丛，海拔1 200~2 500米。

子房

花序轴和花萼

幼果

花冠

圆叶杜鹃花亚组　subsect. Williamsiana

本书本亚组包含1种杜鹃花，亚组性状描述见种。

圆叶杜鹃花　*Rhododendron williamsianum* Reld. et Wils.

花萼

叶背面

花蕊

矮灌木，高0.5~2米。幼枝疏被长柄腺毛，很快脱落。叶片革质，宽卵形或近于圆形，长2~5厘米，宽2~4.5厘米，先端圆形，有细尖头，基部心形或近于圆形，成熟叶两面无毛，边缘基部有时具有柄腺毛，表面深绿色，无毛，背面灰绿色，有乳头状突起；叶柄长0.7~1.5厘米，上面平坦，下面圆柱状，有稀疏具柄腺体。总状伞形花序，有2~6花；总轴长5~10毫米，疏被腺体；花梗长2~3厘米，被宿存或脱落的长柄腺体；花萼小，裂片宽三角形，长1~2毫米，外面及边缘有短柄腺体；花冠宽钟状，长3.5~4厘米，冠檐径4~4.5厘米，粉红色，无色点，5~6裂，裂片近圆形。雄蕊10，花丝无毛。子房卵圆形，长约5毫米，被腺体；花柱通体有腺体。蒴果圆柱形，长1.5~2.5厘米，直径6毫米，有腺体。花期5~6月，果期10~11月。

产于四川西南部，生于山坡灌丛、岩缝，海拔1 800~2 800米。

本次调查的圆叶杜鹃花拍摄于眉山市洪雅县，花为淡黄绿色，与模式标本描述的花色有一点差别。

杯毛杜鹃花亚组　subsect. Falconera

乳黄叶杜鹃花　*Rhododendron galactinum* Balf. f. ex Tagg

叶背面毛

子房

雄蕊

幼枝

花冠

常绿灌木或小乔木，高2~3米。幼枝有灰白色绒毛，变无毛。叶片革质，长圆状椭圆形、长圆状倒卵形或阔披针形，长15~25厘米，宽5~8厘米，先端钝圆，基部阔楔形或圆形；表面深绿色，成熟后无毛，背面2层毛被，上层褐色或淡褐色，狭漏斗形，下层毛被紧贴，灰白色，泥膏状；叶柄长2.5~3厘米，有灰白色绒毛。总状伞形花序，有10~15花；总轴长5~10毫米，被柔毛；花梗长2~3.5厘米，被薄层灰白色绒毛；花萼小齿状裂，长约1毫米，外面被柔毛；花冠管状钟形，长3~5厘米，粉红色、淡玫瑰色或淡紫红色，内面具一红色斑块，上方有深红色斑点，7~8裂，裂片近圆形，顶端有凹缺。雄蕊14，花丝基部有短柔毛。子房圆锥形，长5~6厘米，无毛；花柱较花冠短或近等长，无毛。蒴果圆柱形，无毛。花期4~5月，果期10月。

产于四川，生于林下，海拔3 500~3 700米。

杯毛杜鹃花亚组 subsect. Falconera

大王杜鹃花 *Rhododendron rex* Levl.

大灌木或乔木，高2~7米。幼枝被灰白色、淡灰褐色或褐色绒毛，后变无毛。叶片革质，倒卵形、椭圆形或倒披针形，长15~40厘米，宽5~15厘米，先端钝圆，基部渐狭窄，表面深绿色，无毛，背面2层毛被，上层淡黄褐色或锈色，杯状或阔漏斗形，成熟后完全脱落、部分脱落或宿存，下层毛被紧贴，泥膏状；叶柄长2.5~5厘米，密被灰色或褐色绒毛。总状伞形花序，有12~25花；总轴长1.5~2.5厘米，被绒毛；花梗长1.5~3厘米，散生褐色绒毛；花萼小，有8个小三角形的齿，长1.5~2毫米，外面和边缘被绒毛；花冠斜钟形，长5厘米，乳白色、淡黄色或粉红色，基部有深红色斑点，8裂，裂片近圆形。雄蕊16，花丝基部有短柔毛。子房圆锥形，长约1.2厘米，有淡褐色簇生绒毛；花柱微短于花冠。蒴果圆柱状，长2.5~5厘米，密被绒毛。花期4~5月，果期10月。

产于四川西南部、云南东北部，生于林中，海拔2 000~3 500米。

幼果
叶背面毛
雄蕊
子房

幼果

叶片

花冠

花萼

弯果杜鹃花亚组 subsect. Campylocarpa

黄杯杜鹃花 *Rhododendron wardii* W. W. Smith

灌木，高1~3米。幼枝初被腺体，变无毛。叶片革质，长圆状椭圆形或卵状椭圆形，长4~10厘米，宽3~5厘米，先端钝圆，有细尖头，基部微心形；成熟叶两面无毛，表面深绿色，背面淡绿色或灰绿色，中脉在表面平坦或有小沟纹，在背面凸起，侧脉9~13对，两面不明显；叶柄长2~3厘米，无毛或被有柄腺体。总状伞形花序，有5~10花；总轴长5~10毫米，有短柄腺体；花梗长2~5厘米，常被稀疏腺体；花萼大，5裂至近基部，裂片卵形或卵状椭圆形，长3~8毫米，边缘密生整齐的腺体；花冠碟状，长2.5~4厘米，直径4~5厘米，淡黄色，5裂至近中部，裂片近圆形，顶端有凹缺。雄蕊10，花丝无毛。子房圆锥形，长约5毫米，密被有柄腺体；花柱较花冠短，通体有腺体。蒴果圆柱状，长2~2.5厘米，直径7毫米，被腺毛。花期5月，果期10~11月。

产于四川西南部、云南西北部、西藏东南部，生于针叶林、杜鹃花灌丛，海拔3 000~4 000米。

幼果

叶片

花冠

花萼

弯果杜鹃花亚组 subsect. Campylocarpa

白碗杜鹃花 *Rhododendron souliei* Franch.

常绿灌木，高1.5~3米。幼枝无毛或散生红色腺体。叶片革质，阔卵圆形、卵圆形至长圆状椭圆形，长3.5~8厘米，宽2~4.5厘米，先端圆形，具小尖头，基部微心形或近于圆形；成熟叶两面无毛，表面深绿色，背面淡绿色或淡灰绿色，侧脉10~14对，两面不显；叶柄圆柱形，长1.5~2.5厘米，幼时被腺毛，变无毛。总状伞形花序，有3~7花，总轴长3~10毫米，有短柄腺体；花梗长1.5~3厘米，密被腺体；花萼大，5裂，裂片近圆形，长5~8毫米，外面散生腺体，边缘被短柄腺体；花冠钟状、碗状或碟状，长2.5~4厘米，直径5~6厘米，粉红色、淡粉紫色，5裂，裂片近圆形，顶端有凹缺。雄蕊10，花丝无毛。子房圆锥形，长4~5毫米，密被紫红色腺体；花柱较花冠短，全体被腺体。蒴果圆柱状，长2~2.5厘米，直径5~7毫米，有宿存的腺体。花期5月，果期10月。

产于四川西南部、西藏东部，生于云杉林、杜鹃花灌丛和山坡杂灌丛，海拔3 000~3 800米。

叶片
叶背面
花萼
雌蕊
雄蕊
花冠解剖图

麻花杜鹃花亚组
subsect Maculifera Sleumer

灌木或小乔木，茎和小枝皮粗糙。幼枝被绒毛、刚毛、刚毛状腺体或或腺体刚毛。叶片长圆形、长圆状披针形、披针形至倒披针形，先端急尖，有小尖头，叶背面多少具有宿存或脱落的绒毛，有时具短糙绒毛，毛沿中脉更多。花序疏松或稠密，有5~15花；总轴长2~20毫米，有或无毛；花萼不明显至发育，外面和边远有或无腺毛；花冠宽钟形、漏斗状或管状钟形，白色、粉红色至深红色，内面通常有深色斑块或斑点，稀具5枚深色蜜腺囊，裂片5。雄蕊10，稀12~14，较花冠和花柱短。子房被绒毛或有柄腺体，稀无毛；花柱无毛或罕在基部被柔毛，稀有腺体。果长圆形、长圆状卵形或细长圆柱形，毛残存至完全脱落。

本书本亚组包括6种（亚种/变种）杜鹃花。

麻花杜鹃花亚组分种检索流程图

麻花杜鹃花亚组

- 幼枝和叶柄被刚毛、腺头刚毛、绒毛、腺体或无毛存；叶芽鳞脱落，稀少量宿存。
  - 幼枝和叶柄被刚毛状腺体或腺头刚毛，且叶柄散生分枝绒毛；叶背面多少被毛；花冠基部具蜜腺囊。
    - 叶背面多少被宿存腺头刚毛，毛沿中脉更密；花冠深红色。**芒刺杜鹃花**
    - 叶背面无毛，仅沿中脉被腺头刚毛，花冠粉红色至玫红色。**紫斑杜鹃花**
  - 幼枝和叶柄无毛或多少被毛；无刚毛或腺头刚毛。
    - 成熟叶背面无毛，或毛仅在中脉基部散生。
      - 成熟叶边缘多少具睫状毛；幼枝被绒毛，无腺体；花冠内面具一紫色斑块和少量斑点。**麻花杜鹃花**
      - 成熟叶边缘无毛；幼枝被绒毛和腺体；花冠内面无深色斑块。**川西杜鹃花**
    - 成熟叶背面近中脉被短分枝毛，沿中脉密被毛。**绒毛杜鹃花**
- 幼枝和叶柄被锈红色、红褐色或黄褐色糙状绒毛，毛多少宿存；叶芽鳞宿存。**长鳞杜鹃花**

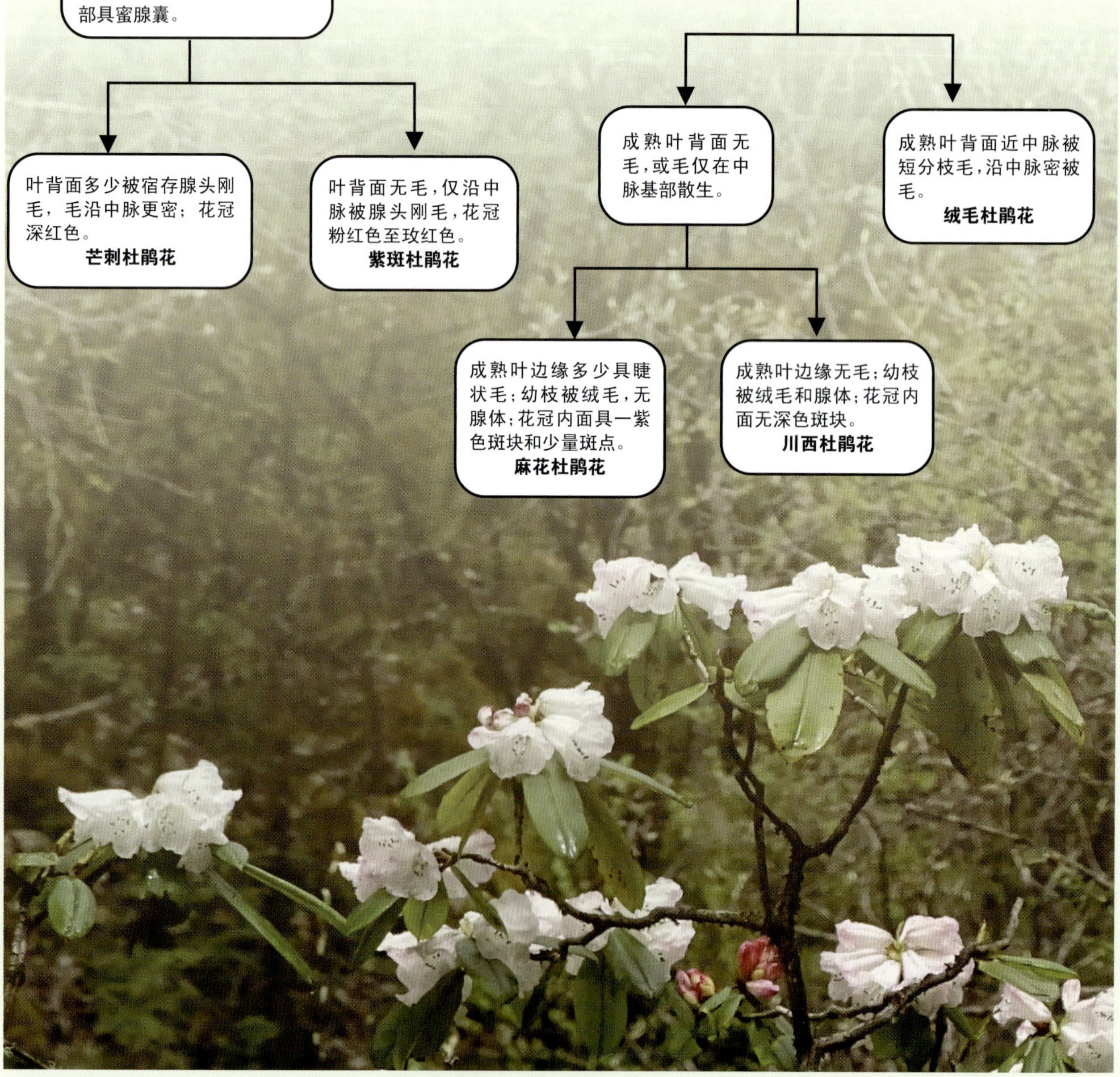

麻花杜鹃花亚组 subsect Maculifera

长鳞杜鹃花 *Rhododendron longesquamatum* Schneid.

灌木，高1~3米。小枝粗壮，幼枝多少有叶芽鳞宿存，密被锈黄色顶端有分枝的糙状绒毛。叶多聚生枝顶，叶片革质，长圆状倒披针形至狭倒卵形，长5.5~15.5厘米，宽2~4.5厘米，先端钝或圆形，具小尖头，基部楔形、圆形至近心形，边缘微反卷；叶表面暗绿色，初被短柄腺体和锈色绒毛，毛沿叶脉宿存，成熟叶背面淡黄绿色，沿中脉被褐色或茶色糙绒毛；叶柄长1~2厘米，被毛同幼枝。顶生总状伞形花序，有6~12花；总轴长3~6毫米，密被锈黄色绒毛；花梗长1.5~3.5厘米，被毛同幼枝；花萼大，长6~10毫米，5深裂，外面具绒毛及腺体，边缘具有柄腺体；花冠宽钟形，长约4厘米，粉红色或蔷薇色，内面基部有深色斑块及白色微柔毛，裂片5，顶端有微缺刻。雄蕊10，花丝中部以下密被白色微柔毛。子房卵圆形，6室，长4~5毫米，密被有柄腺体；花柱中部以下具有柄腺体。蒴果圆柱形，有腺体残迹。花期5~6月，果期11月。

产于四川西部和西北部，生于针叶林或杜鹃花灌丛，海拔2 300~3 400米。

幼枝

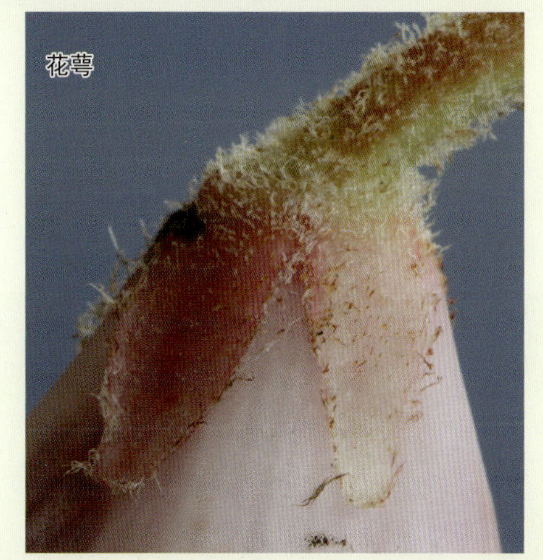
花萼

叶背面毛

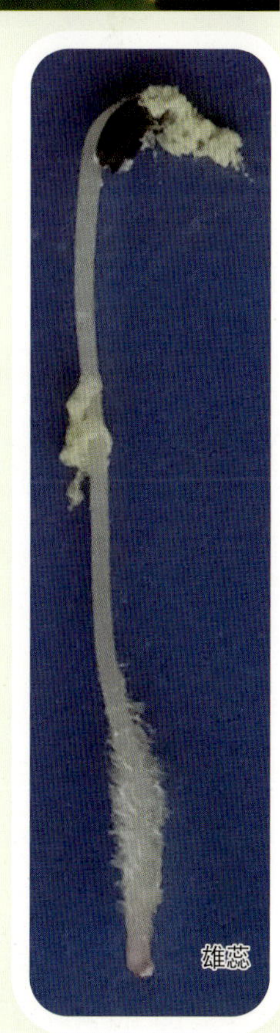
雄蕊

麻花杜鹃花亚组 subsect Maculifera

芒刺杜鹃花 *Rhododendron strigillosum* Franch.

常绿灌木，高1.5~3.5米；茎和小枝皮粗糙。幼枝密被褐色刚毛状腺毛或腺头刚毛。叶片革质，椭圆形、长圆状披针形或倒披针形，长8~16厘米，宽2~4厘米，先端短渐尖，有时尾状，基部狭圆形或近心形，边缘反卷；成熟叶表面暗绿色，基部或在深凹的中脉基部宿存毛，背面淡绿色，被短腺毛和分枝毛，毛至少在近基部宿存，沿中脉被厚糙绒毛；叶柄长1~2厘米，密被黄褐色有分枝柔毛及腺头刚毛。顶生短总状伞形花序，有8~12花；总轴长5~12毫米，无毛或被柔毛；花梗长6~15毫米，红色，密被腺头刚毛；花萼小，淡红色，长约2毫米，裂齿5，三角形，背面和边缘被腺毛；花冠管状钟形或阔钟形，长4~5厘米，深红色，内面基部有黑红色斑块，基部具5枚深色蜜腺囊或无，裂片近圆形，顶端有缺刻。雄蕊10，花丝无毛。子房卵圆形，密被腺头刚毛；花柱较最长雄蕊稍短或近等长，基部无毛或有时被腺毛。蒴果圆柱形，密被腺毛。花期5~6月，果期10~11月。

产于四川西南部和云南东北部，生于针叶林、灌丛，海拔1 800~3 200米。

紫斑杜鹃花（变种） *Rhododendron strigillosum* Franch. var. *monosematum* (Hutch.) T. L. Ming.

不同于芒刺杜鹃花的特征：叶背面仅各叶脉上有褐色绒毛，其余无毛，叶柄背面几乎无腺头刚毛；花冠蔷薇色；子房上的腺头粗毛、花丝和花柱的颜色接近于白色。

芒刺杜鹃花

紫斑杜鹃花

芒刺杜鹃花

叶背面毛　斑块　子房　花序

紫斑杜鹃花

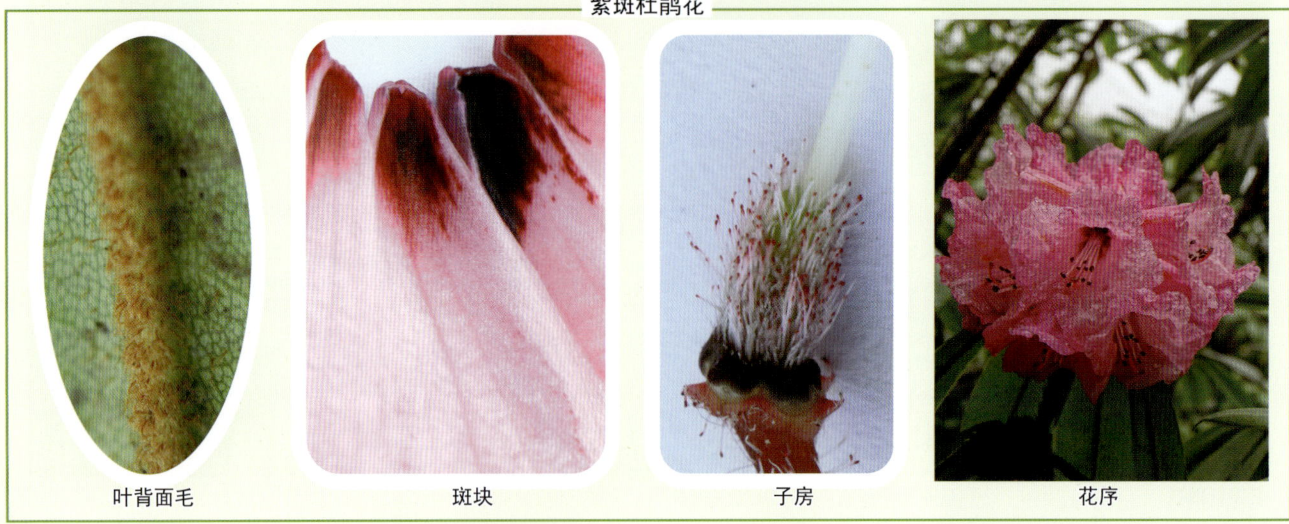

叶背面毛　斑块　子房　花序

麻花杜鹃花亚组 subsect Maculifera

绒毛杜鹃花 *Rhododendron pachytrichum* Franch.

叶背面毛

常绿灌木，高1~4米。幼枝密被绒毛，老枝无或近于无毛。叶革质，椭圆形、长圆状倒披针形至倒卵形，长7~14厘米，宽2~4.5厘米，先端钝至渐尖，基部圆形或阔楔形，边缘反卷，表面绿色，成熟后无毛，背面近中脉被短分枝毛，沿中脉毛密被，侧脉14~19对，在上面微凹或不明显；叶柄长1~2厘米被绒毛和腺毛，变无毛。顶生总状花序，有7~10花；总轴长1.5~2厘米，被柔毛；花梗长1~2厘米，密被分枝绒毛；花萼小，裂5，锐尖三角形，外面被黄褐色绒毛或无毛；花冠钟形，长3~4厘米，淡红色至白色，内面基部具深紫色斑块，向上扩展为斑点或无明显斑点，裂片近圆形，顶端钝圆或微缺刻。雄蕊10，花丝近基部有白色微柔毛。子房圆锥形，密被锈色绒毛；花柱较花冠短，无毛。蒴果圆柱形，长1.5~2.5厘米，直径4~5毫米，密被铁锈色分枝绒毛。花期5月，果期10~11月。

产于陕西南部、四川西南部和云南东北部，生于常绿阔叶林、云杉林和杜鹃花灌丛，海拔1 700~3 500米。

幼枝

子房

幼果

麻花杜鹃花亚组 subsect Maculifera

麻花杜鹃花 *Rhododendron maculiferum* Franch.

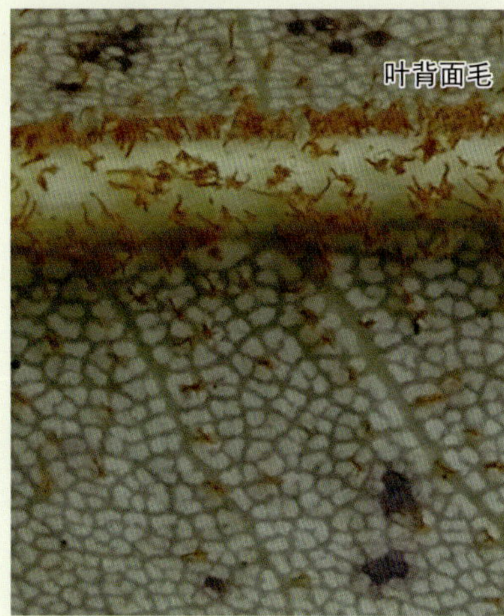

灌木，高1.5~5米。幼枝淡褐色，密被淡灰白色绒毛。叶片革质，长圆状椭圆形、椭圆形、倒卵形、卵状披针形或卵状椭圆形，长4~11厘米，宽2.5~4.5厘米，先端钝至圆形，略有小尖头，基部圆形，稀近心形，边缘具睫毛；叶背面初多少散生腺毛或绒毛，成熟叶仅在中脉下部散生或密被绒毛，两面其余无毛；侧脉12~17对，两面不明显；叶柄长1.5~2厘米，幼时密被白色绒毛，成长后近于无毛。顶生总状伞形花序，有5~10花；总轴长1.5~2.5厘米，密被绒毛；花梗长1~2.5厘米，被绒毛或无毛；花萼小，长1~3毫米，5齿裂，密被绒毛；花冠宽钟形，长3~4厘米，白色、淡粉红色，内面基部有深紫色斑块和少量斑点，裂片5，顶端有浅缺刻。雄蕊10，花丝基部有白色微柔毛。子房圆锥形，长4~5毫米，被淡褐色绒毛或无毛；花柱较花冠短或近等长，无毛。蒴果圆柱形，长1.5~2厘米，直径4~5毫米，被锈色刚毛或几无毛。花期4~5月，果期10月。

产于重庆、甘肃南部、陕西西南部、湖北、四川北部，生于林中，海拔1 600~3 400米。

麻花杜鹃花亚组　subsect Maculifera

川西杜鹃花　*Rhododendron sikangense* W. P. Fang

小乔木或灌木，高2~5米。幼枝密被锈色或白色绒毛和腺体，变无毛。叶片质地较厚，长圆状椭圆形、椭圆状披针形，长7~15厘米，宽2.5~6厘米，基部宽楔形，先端圆形，具小尖头；成熟叶两面无毛，背面淡绿色，表面绿色，侧脉12~15对，两面不明显；叶柄长1~2厘米，初被绒毛，后变无毛。总状伞形花序，有6~15花；总轴长1~2厘米，被白色柔毛；花梗长1.5~3厘米，被毛同总轴；花萼5裂，裂片三角形，长约2毫米，外面被柔毛，边缘有时被腺毛；花冠钟状，长3~5厘米，白色或淡紫红色至粉红色，有深紫色斑点，5裂至近中部，裂片近于圆形，顶端有凹缺。雄蕊10，稀12~14，花丝基部有开展的短柔毛。子房长卵圆形，被绒毛，有或无腺体；花柱较花冠短或近等长，无毛。蒴果圆柱状，长2~3厘米，密被绒毛。花期5~6月，果期10~11月。

产于四川西部，生于山坡灌木，海拔2 500~3 100米。

花萼
子房
叶背面毛
花冠内毛和斑点

漏斗杜鹃花亚组 subsect. Selensia Sleumer

本亚组包含1种杜鹃花，亚组性状描述见种。

多变杜鹃花 *Rhododendron selense* Franch.

灌木，高1~2.5米，老枝通常无毛，幼枝和叶柄被无柄，短柄或长柄腺毛，有时杂有少量绒毛；叶片薄革质，长圆状椭圆形，阔椭圆形或倒卵形，长3.5~8（~11）厘米，宽2~4.5厘米，基部圆形或稍心形，两侧稍不对称；先端圆形，具小尖头，除在成熟叶背面基部附近偶具少量宿存腺毛外，两面无毛；中脉在背面稍凸起，表面稍下凹，侧脉在两面不明显；总状伞形花序，4~8花，总轴长2~4毫米，无毛；花梗长1~2厘米，被与幼枝相似的毛；花萼小，长2~3毫米，5裂，裂片不等大，卵圆形或三角形，外面和边缘具腺毛；花冠漏斗形或漏斗状钟形，基部较狭，淡粉红色，粉红色或深粉红色，内面有或无更深色斑点，长2.5~3.5厘米，5裂，裂片长约1厘米，近圆形，先端缺刻；雄蕊10，较花冠短，花丝基部被毛；子房圆柱形，密被有柄腺毛，多少杂有柔毛；花柱洁净，较花冠稍短或近等长；果长圆柱形，通常弯曲，长1.5~2.5厘米，径3~5毫米，有宿存腺毛。

分布于云南西北部、西藏东部、四川西南部。

考察中发现此种在四川木里、康定及九龙有较多分布，与西藏和云南的标本比较，其在幼枝、叶柄等部分除腺毛外有时出现少量柔毛，花冠内面有明显斑点。

叶柄

子房

花冠内斑点

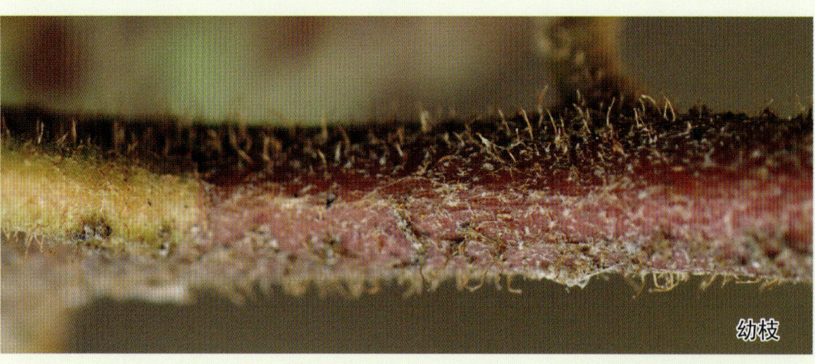

幼枝

花萼

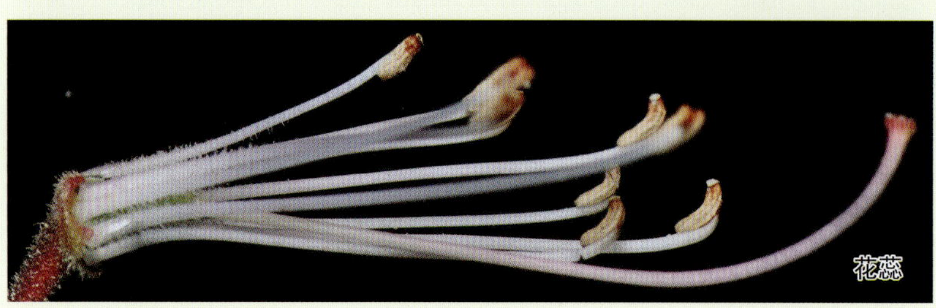

花蕊

黏毛杜鹃花亚组

subsect. Glischra (Tagg) Chamb. ex Cullen et Chamb.

灌木或小乔木，高1~6米。幼枝密被腺头刚毛或长柄腺体。叶片多少草质至革质，长圆形、卵形、倒卵形、椭圆形至倒披针形，成熟叶表面无毛或具宿存的须状毛，背面有或无毛。花序有6~20花；总轴长5~15毫米，有或无毛；花萼不明显或发育，5裂，外面和边缘无毛或被柔毛，密被刚毛状腺毛；花冠钟形至漏斗状钟形，无蜜腺囊，白色带粉红色至粉红色；稀深红色，通常基部有紫色斑块及斑点，裂片5。雄蕊10~15，较花冠短。子房密被腺毛或腺头刚毛，花柱被刚毛状腺毛或仅在基部被绒毛。蒴果长圆形或细长圆柱形，有或无绒毛，密被腺头刚毛。

本书本亚组包含2种杜鹃花，可以通过以下特征进行区分：

黏毛杜鹃花亚组

- 成熟叶片背面密被宿存的淡黄褐色或红褐色绵毛状或绵毡状毛被，杂有少量腺毛，毛被完全覆盖叶片背面侧脉和网脉。**长粗毛杜鹃花**
- 成熟叶片背面散生毛，沿中脉密被毛；叶片背面侧脉和网脉显露。**枯鲁杜鹃花**

黹毛杜鹃花亚组　subsect. Glischra

枯鲁杜鹃花　*Rhododendron adenosum* Davidian

花芽

幼果

幼枝

叶表面毛

灌木，高2~4米。幼枝密被腺头刚毛。叶片革质，卵形至披针形或椭圆形，长7~15厘米，宽2~5厘米，先端急尖至渐尖，基部圆形，边缘软骨质有乳头状突起，成熟叶表面仅沿中脉散生刚毛，背面被刚毛和散生的绒毛，沿中脉密被腺头刚毛；叶柄长1~2.5厘米，密被腺头刚毛。花序4~8花；总轴长5~10毫米，被腺状刚毛和柔毛；花梗长1.5~3厘米，被毛同总轴；花萼长4~7毫米，外面密被腺头刚毛；花冠钟形或漏斗状钟形，长3.5~5厘米，淡粉红色、白色带粉红色或白色，有或无紫红色的斑点，基部无或有一紫红色斑块，裂片近圆形，先端缺刻。雄蕊10，稀13，花丝基部被柔毛。子房密被腺头刚毛，花柱无毛。蒴果长20毫米，直径4毫米，被刚毛状腺毛，有或无绒毛。花期5月。

产于四川西南部，生于云杉林中，海拔3 300~3 600米。

枯鲁杜鹃花是由H.H.Davidian(1978)根据英国爱丁堡皇家植物园栽培植株标本为模式进行描述，并发表。种子源自四川木里，由J. F. Rock 1929年9月采集。除此以外没有标本记录。时隔92年后，王飞（华西亚高山植物园）和朱大海（龙溪虹口国家级自然保护区）等人于2021年10月在原产地再次发现。据观察，该种较集中分布，目前仅发现有20余株的小种群，虽然生长发育正常、有少量小苗发育，但实属典型的极小种群物种，应加以保护。

黏毛杜鹃花亚组 subsect. Glischra

长粗毛杜鹃花 *Rhododendron crinigerum* Franch.

常绿灌木，高1~6米。幼枝黄褐色至灰褐色，具腺头刚毛，叶芽鳞苞片宿存数年。叶革质，倒卵圆形、披针形或倒披针形，长7~20厘米，宽1.5~6厘米，先端渐尖，基部钝或近圆形，边缘反卷，叶表面幼时具丛卷毛及少数有柄腺体，成长后变为无毛或沿中脉散生腺毛，背面密被淡黄褐色、黄褐色或红褐色毡状绒毛，多少被腺体；叶柄长1~2厘米，粗壮，被有具粘质的腺头刚毛。顶生总状伞形花序，有7~16花；总轴长1~1.5厘米，密被微柔毛；花梗长2~3厘米，密被腺头刚毛及柔毛；花萼杯状，5裂几至基部，外面密被腺头刚毛，边缘有腺毛；花冠钟形，长3~3.5厘米，白色带粉红色，无毛，内面基部有深红色斑块，中部一侧有紫色斑点。雄蕊10，花丝基部有白色微柔毛。子房卵圆形，长4毫米，密被有柄腺体，花柱无毛或基部具有柄腺体。蒴果短圆柱形，被腺毛，基部有花萼宿存。花期5~6月，果期10~11月。

产于四川西北部、云南西北及西藏东南部，生于林中、山谷、岩坡、峭壁，海拔2 200~4 200米。

花蕊
花冠正面
花冠背面
子房和花柱

露珠杜鹃花亚组

subsect. Irrorata Sleumer

灌木或小乔木。幼枝多少被有柄腺毛、腺头刚毛、绒毛，稀无毛。叶片硬革质或革质，狭窄，常为披针形、椭圆状披针形或椭圆形；成熟叶常两面无毛，叶背面具点状毛迹，少数种具薄层毛被或被腺毛和腺头刚毛。花序疏松，常2~20花；总轴长5~35毫米；花萼退化，通常无明显裂片；花冠管状钟形、钟形或阔钟形，5裂，稀6~7裂，白色、蔷薇色、深红色或黄色，通常具更深色斑点，基部有或无蜜腺囊。雄蕊10~14，较花冠和花柱短；子房无毛，有时被柔毛或腺体；花柱无毛或通体有腺体，有或无绒毛。蒴果圆柱状，无毛或稀宿存毛。

本书本亚组包括2种杜鹃花，可通过以下特征进行区分：

露珠杜鹃花亚组

- 子房和花柱无毛。**团花杜鹃花**
- 子房和花柱全体被腺体，无绒毛。**露珠杜鹃花**

露珠杜鹃花亚组 subsect. Irrorata

露珠杜鹃花 *Rhododendron irroratum* Franch.

灌木或小乔木，高2~5米。幼枝有薄层绒毛和腺体，以后逐渐脱落；老枝光滑。叶片革质或硬革质，椭圆形、披针形或长圆状椭圆形，长5~15厘米，宽1.5~5厘米，先端渐尖，基部圆形或宽楔形，边缘多少波状，成熟叶两面无毛，侧脉17~22对，表面明显下凹；叶柄长1~2厘米，变无毛。总状伞形花序，12~15花，总轴长2~4厘米，疏生柔毛和腺体；花梗粗壮，长1~2.5厘米，密被腺体，有或无绒毛；花萼小，盘状，5浅裂，裂片长1~2毫米，外面及边缘密被腺体；花冠管状或钟状，长3~5厘米，淡黄色、白色带淡黄色或白色带粉红色，内面有更深色斑点，基部有蜜腺囊，5裂，裂片半圆形，顶端有凹缺。雄蕊10，较花冠短或近等长，花丝基部被开展的柔毛。子房圆锥状或窄卵圆形，8~10室，密被腺体；花柱稍短于花冠，通体密生红色腺体。蒴果圆柱状，长1.5~3厘米，直径6~10毫米，表面密被腺体脱落后的疣突。花期5月，果期10月。

产于四川贵州、云南，生于混交林、杜鹃花灌丛，海拔1 800~3 500米。

雌蕊
花萼
叶片
雌蕊

露珠杜鹃花亚组 subsect. Irrorata

团花杜鹃花 *Rhododendron anthosphaerum* Diels

灌木或小乔木，高2~4米。幼枝无毛，有明显的叶痕而表面粗糙。叶片薄革质或革质，椭圆状披针形或披针形，长8~20厘米，宽2.5~4厘米，先端钝尖，有小尖头，基部楔形，边缘微向下反卷；成熟叶表面嫩绿色，平坦，微有乳头状突起，背面散生红色小腺点，具乳突，有时沿叶脉疏生从卷毛；叶柄长1~2厘米，无毛。总状伞形花序，8~15花；总轴长5~10毫米，被丛卷毛；花梗细长，长约1厘米，被疏柔毛或近于无毛；花萼小，近于盘状，有6~7齿裂，裂片长约1毫米，无毛；花冠管状钟形，长3~5厘米，淡玫瑰色至深玫瑰色，基部有紫红色的斑块和蜜腺囊，6~7裂，裂片顶端有凹缺。雄蕊13~14，花丝无毛或基部散生柔毛。子房无毛，花柱与花冠近等长，无毛。蒴果圆柱状，长1.5~2.5厘米，直径6~8毫米，无毛，成熟后顶端7~8裂。花期5~6月，果期10~11月。

产于四川西南部、云南西部和西北部、西藏东南部，生于混交林、灌丛林，海拔2 000~3 200米。

雄蕊

子房

花冠解剖图

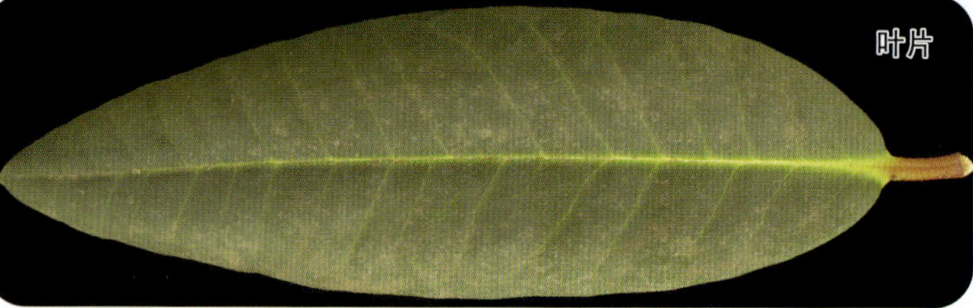

叶片

银叶杜鹃花亚组

subsect. Argyrophylla Sleumer

灌木，高1~5米。幼枝被脱落的薄层绒毛。叶通常在当年生小枝先端集生，叶片质地较厚，通常硬革质，长圆状披针形、披针形、倒披针形、椭圆状披针形，背面毛被1~2层，银白色或灰白色，外形呈石膏状、薄毡状或羔皮状，有或无腺毛。花序松散或密集，4~20花，有时更多；花梗细长，稀粗而短；花萼小；花冠漏斗状钟形、钟形或有时为管状钟形，基部通常狭窄，颜色多变，但无黄色，除大钟杜鹃花和短柄杜鹃花外，内面基部无蜜腺囊，5裂。雄蕊10~15，稀更多，较花冠和花柱短，花丝有或无毛。子房5~10室，被绒毛或稀无毛，有或无腺毛；花柱被腺毛至顶部或光洁。蒴果圆柱状，直立或常微弯曲，通常被绒毛，有或无短柄腺毛。

本书本亚组包括9种（亚种/变种）杜鹃花。

银叶杜鹃花亚组分种检索流程图

银叶杜鹃花亚组

- 成熟叶片背面毛被2层，上层呈疏松的海绵状或绵毛毡状，毛宿存或脱落；下层薄而紧贴，宿存。
  - 叶表面由于叶脉极度下凹而成泡皱状；叶脉在表面明显。
    - 叶背面上层毛被灰白色、淡褐色或黄褐色，毛宿存或少量脱落；花序轴5~7毫米，密被灰白色或淡褐色绒毛。
      - 叶片背面上层毛被灰白色，毛宿存，叶较长、狭。**繁花杜鹃花**
      - 叶片背面上层毛被黄褐色或红褐色，毛部分脱落，叶较宽、短。**皱叶杜鹃花**
    - 叶背面上层毛被红棕色或红褐色，毛脱落或部分脱落；花序轴约3毫米，密被棕色绒毛。**粗脉杜鹃花**
  - 叶表面平坦，叶脉在两面稍显或不明显。
    - 叶片硬革质；花序5~7花，花冠内面被柔毛；花丝基部被柔毛；花柱散生绒毛，基部有或无短柄腺体。**岷江杜鹃花**
    - 叶片革质；花序10~12花，花冠内面、花丝和花柱无毛。**海绵杜鹃花**

成熟叶片背面毛被1层，毛被薄而紧密，呈泥膏状、羔皮状或有时为薄毡状。
叶芽鳞苞片脱落；花柱无腺体或罕在基部散生毛。
叶芽鳞苞片至少宿存2~3年；花序总轴、花梗和子房均密被腺体；花柱通体被腺体。
反边杜鹃花
成熟叶片背面被淡黄褐色、古铜色或黄棕色羔皮状毛被。
不凡杜鹃花
成熟叶片背面被白色、银白色或有时为灰白色泥膏状或薄毡状毛被。
花冠紫红色、淡紫红色或深红紫色，内面基部具5枚蜜腺囊。
大钟杜鹃花
花冠白色、白色带粉红色、淡粉红色或粉红色；内面无蜜腺囊。
叶背面毛被褐色或黄褐色。
峨眉银叶杜鹃花
叶背面毛被银白色或白色。
银叶杜鹃花

银叶杜鹃花亚组 subsect. Argyrophylla

繁花杜鹃花 *Rhododendron floribundum* Franch.

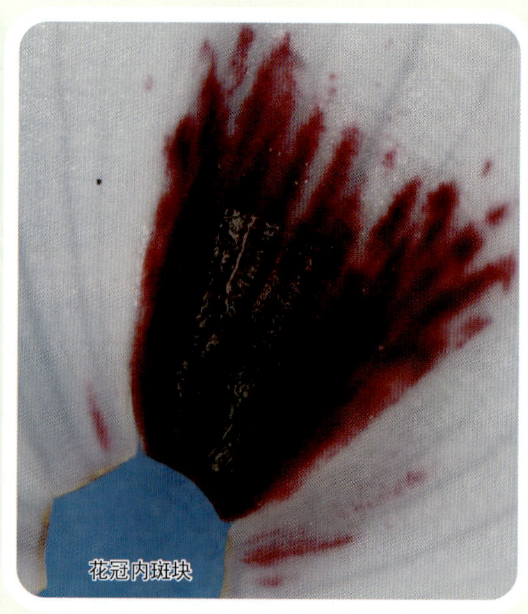
花冠内斑块

子房

灌木或小乔木，高2~5米。幼枝被灰白色分枝柔毛，毛脱落或部分脱落至变无毛。叶片厚革质，长圆状披针形、椭圆状披针形至倒披针形，长5~20厘米，宽2~6厘米，先端急尖，有细尖头，基部楔形至近圆形；成熟叶表面绿色，呈泡泡状隆起，有明显的皱纹，无毛，背面具2层毛被，上层为灰白色或淡黄褐色绵毛状分枝绒毛，下层毛被灰白色，泥膏状，中脉在上面下陷，在下面显著隆起，侧脉17~20对；叶柄长1~2厘米，毛被同幼枝。总状伞形花序，有8~12花，总轴长5~7毫米，被淡黄褐色或灰白色绒毛；花梗长1.5~2厘米，被毛同总轴；花萼小，具三角状的5齿裂，裂片长约1.5毫米，外面和边缘被从卷毛；花冠宽钟状，淡紫红色、粉红色，长3.5~5厘米，筒部有深紫色斑点，5~6裂至近全长的1/3，裂片近圆形，顶端有凹缺。雄蕊10，花丝无毛或在基部散生柔毛。子房卵球形，8~10室，被白色绢状毛；花柱较花冠稍长或近等长，无毛或基部被毛。蒴果圆柱状，长2~3厘米，直径8~10毫米，直立或弯曲，密被淡黄褐色或灰白色绒毛。花期5月，果期10~11月。

产于四川西南部，生于林中、林缘和灌丛，海拔1 700~2 700米。

花丝基部毛

叶背面毛

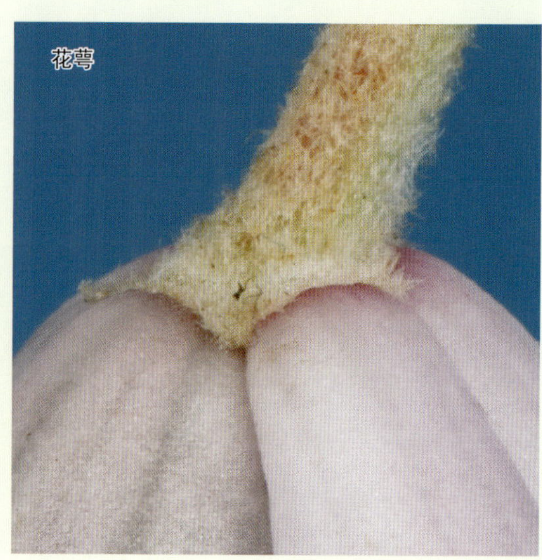
花萼

银叶杜鹃花亚组 subsect. Argyrophylla

皱叶杜鹃花（变种） *Rhododendron floribundum* var. *denudatum* (H. Léveillé) Geng

本种与原变种的区别是叶背面上层毛被黄褐色或红褐色，毛部分脱落，叶较宽、短。花期5月，果期10月。

产于四川中部和南部、贵州西北部、云南东北部，生于林中和灌丛，海拔1 400~2 500米。

子房

叶背面毛

花萼

花萼

叶片

银叶杜鹃花亚组　subsect. Argyrophylla

粗脉杜鹃花　*Rhododendron coeloneurum* Diels

常绿灌木，高2~4米。幼枝被褐色、黄褐色或红棕色绒毛，变无毛。叶片革质，倒披针形至长圆状椭圆形，长7~15厘米，宽2~4厘米，先端钝尖或急尖，具细小尖头，基部楔形，边缘全缘稍外卷，成熟叶表面变无毛，中脉、侧脉和网脉明显凹入而成泡状粗皱纹，侧脉10~14对，下面有两层毛被，上层毛被厚，褐色、红褐色或黄褐色，由分枝绒毛组成，易脱落，下层毛被紧贴，灰白色，由多少粘结的丛卷毛组成；叶柄长1~1.5厘米，密被棕色绒毛。顶生伞形花序，有5~10花；总轴短，密被棕色绒毛；花梗长1~1.5厘米，被灰白色或白色柔毛；花萼小，边缘波状或具5小齿裂，外面密被绒毛；花冠漏斗状钟形或钟形，长4~5厘米，粉红色、淡粉紫色或淡紫红色，筒部上方具紫色斑点，内面近基部被柔毛，裂片5近圆形，顶端微缺。雄蕊10，较花冠短或近等长，花丝基部密被白色微柔毛。子房密被绒毛，花柱与花冠近等长或伸出，无毛，极稀基部被微毛。蒴果圆柱状，长2~2.5厘米，密被灰色绒毛。花期5月，果期9~10月。

产于四川南部、贵州西南部和北部、云南东北部、重庆，生于混交林、山坡灌丛，海拔1 200~2 300米。

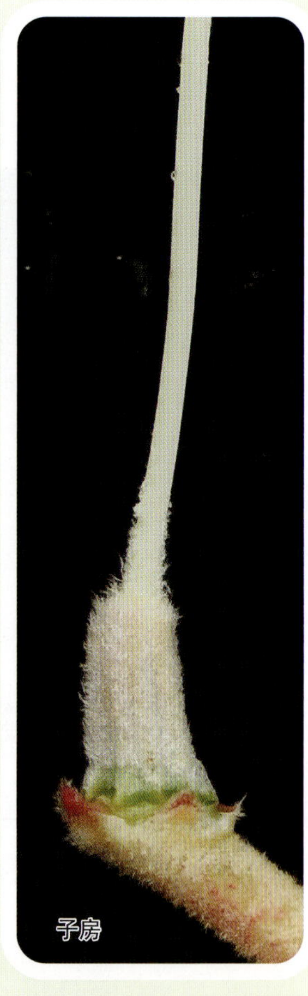

子房

花冠

叶背面毛

叶表面

叶背面

银叶杜鹃花亚组 subsect. Argyrophylla

岷江杜鹃花 *Rhododendron hunnewellianum* Rehd. et Wils.

灌木，高1.5~5米。幼枝初被灰白色薄层绒毛和短柄腺体，变无毛。叶片硬革质，披针形或倒披针形，长7~25厘米，宽1.5~2.5厘米，先端渐尖，基部楔形，边缘微向下卷；成熟叶表面深绿色，无毛，背面有灰白色或白色毛被，上层松散的绵毛状分枝绒毛，下层毛被灰白色，薄毡状或泥膏状，侧脉15~20对，两面明显；叶柄长1~1.5厘米，被毛同幼枝。总状伞形花序，有5~7花；总轴短，长5~10毫米，被灰白色或黄褐色绒毛；花梗长1~2.5厘米，有稀疏绒毛及腺体；花萼小，5小齿裂，边缘被柔毛；花冠漏斗形、漏斗状钟形或宽钟状，长4~5厘米，径4~5厘米，白色带粉红色、淡蔷薇色或淡粉紫色，筒部有紫色斑点，内面密被柔毛，5裂至全长的1/3至中部，裂片近扁圆形，顶端有缺。雄蕊10，较花冠稍长或近等长，花丝基部微有毛。子房圆柱状锥形，长约7毫米，密被灰白色或淡黄褐色绒毛；花柱较雄蕊长，疏被绒毛和有时在基部具少量腺体。蒴果圆柱状，长2~2.5厘米，直径6~8毫米，被褐色绒毛。花期5月，果期9月。

产于四川和甘肃，生于林中、灌丛，海拔1 500~2 200米。

花序轴
花萼
叶背面毛被
子房

银叶杜鹃花亚组 subsect. Argyrophylla

大钟杜鹃花 *Rhododendron ririei* Hemsl. et Wils.

常绿灌木或小乔木，高2~3米，稀更大型。幼枝无毛。叶片革质，长圆形、长圆状椭圆形至倒卵状椭圆形，长6~25厘米，宽2.5~5.5厘米，先端急尖，基部宽楔形或近于圆形，边缘质薄向下反卷；成熟叶表面深绿色，无毛，背面有1层银白色紧贴的薄层毛被，泥膏状或薄毡状，侧脉13~14对，背面更明显；叶柄粗壮，长1~2厘米，无毛或被薄层脱落的白色柔毛。顶生总状伞形花序，有5~10花；总轴长5~8毫米，被灰白色从卷毛；花梗长1~2厘米，被毛同总轴；花萼小，5裂，裂片卵圆形或近圆形，长1~3毫米；花冠钟形或管状钟形，基部宽阔，紫红色、紫色、丁香紫色，长4~6厘米，基部有5个紫红色蜜腺囊，5裂至全长的1/3或稍更深裂，裂片近于圆形，顶端有缺刻。雄蕊10~12，花丝无毛或罕在基部疏被柔毛。子房圆柱状锥形，长5~8毫米，被灰白色短绒毛；花柱无毛。蒴果圆柱形，长2~3.5厘米，直径9~12毫米，被灰色绒毛，以后无毛。花期5月，果期10月。

产于四川，生于疏林、灌丛，海拔2 600~3 200米。

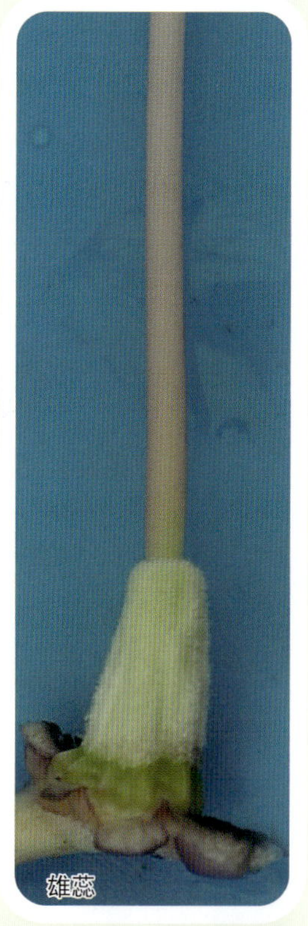

雄蕊

幼果

花冠

幼枝

花序轴

银叶杜鹃花亚组 subsect. Argyrophylla

海绵杜鹃花 *Rhododendron pingianum* W. P. Fang

常绿灌木或小乔木，高1.5~3米。幼枝被灰白色绒毛；老枝无毛。叶片革质，长圆形、倒披针形或长圆状披针形，长8~18厘米，宽2.5~4厘米，先端钝圆，有小尖头，基部楔形或宽楔形；成熟叶表面无毛，背面被白色或灰白色的2层毛被，上层毛被疏松，海绵状，下层毛被紧贴；叶柄长1~1.5厘米，被毛同幼枝。总状伞形花序，有花10~22朵；总轴长1~2厘米，被灰白色柔毛，有时疏被短柄腺体；花梗长2~4.5厘米，疏生白色丛卷毛；花萼小，5裂，裂片三角形或近圆形，外面和边缘无毛；花冠钟状漏斗形，长3~3.5厘米，粉红色或淡粉紫色，基部较窄，5裂至全长的1/3，裂片近于圆形，顶端有凹缺。雄蕊10~14，花丝无毛。子房圆柱状，被淡黄褐色绒毛；花柱较花冠短，无毛。蒴果圆柱状，被黄褐色分枝毛。花期4~5月，果期9~10月。

产于四川，生于林中，海拔2 000~2 900米。

子房
叶背面毛被
花冠解剖图
花蕾
花萼和花冠

银叶杜鹃花亚组 subsect. Argyrophylla

银叶杜鹃 *Rhododendron argyrophyllum* Franch.

常绿小乔木或灌木，高1.5~3米。幼枝被薄层银白色或灰白色屑状绒毛或从卷毛，毛脱落，稀无毛。叶片厚革质，椭圆形、狭椭圆形、倒披针形或长圆状披针形，长6~18厘米，宽2~4厘米，中部以上最宽，先端钝尖，基部楔形或近于圆形，边缘微向下反卷；叶表面幼时微被短绒毛，以后无毛，深绿色，背面被1层薄层银白色毡毛状或泥膏状毛被；叶柄长1.5~2.5厘米，被毛同幼枝。总状伞形花序，有花6~10朵；总轴长约1~1.5厘米，被灰白色、淡黄褐色或锈色绒毛，稀无毛；花梗长1.5~4厘米，被毛同总轴；花萼小，5裂，长1~2毫米，外面被从卷毛，边缘有或无毛；花冠漏斗状钟形或阔钟形，长2.5~6厘米，白色、白色带粉红色、粉红色，内面具紫红色或玫瑰色斑点，5裂至全长的1/3，裂片近于圆形，顶端微凹。雄蕊12~15，较花冠和花柱短，花丝基部有白色微绒毛。子房圆柱状，具白色或灰白色柔毛或无毛，有或无腺体；花柱较花冠短或多少伸出，无毛，有时被腺体。蒴果圆柱状，直立或弯曲，长1.5~4厘米，直径3~6毫米，无毛或散生绒毛。花期5月，果期9~10月。

产于重庆、四川西南部、贵州西北部及云南东北部，生于杜鹃花灌丛、林下，海拔1 600~2 500米。

子房

花冠

花萼

叶背面毛被

雄蕊

银叶杜鹃花亚组 subsect. Argyrophylla

峨眉银叶杜鹃花（变种） *Rhododendron argyrophyllum* var. *omeiense* Rehd. et Wils.

与银叶杜鹃花的主要区别有：叶片较小，下有淡棕色或淡黄色的毛被；花冠钟状基部微宽阔；子房仅被疏短毛。

花期5月，产于四川西部，生于海拔1 800~2 000米的山坡林中。

花序轴

叶背面毛

子房

银叶杜鹃花亚组 subsect. Argyrophylla

反边杜鹃花 *Rhododendron thayerianum* Rehd. et Wils.

常绿灌木，高1.5~3米。幼枝被褐色或白色从卷毛和短柄腺体，叶芽鳞苞片宿存2~3年。叶常12~20枚密生于枝顶，叶片硬革质，倒披针形、披针形、狭倒披针形，长6~20厘米，宽1.5~3厘米，先端渐尖，基部渐变狭，边缘向下卷；叶表面深绿色，幼时有毛，以后无毛而有光泽，背面毛被薄，泥膏状或薄毡状，银灰色、淡褐色或淡黄褐色，1层，沿中脉被厚绒毛和有柄腺体；叶柄长1~1.5厘米，初有毛及腺体，以后无毛。顶生总状伞形花序，有10~20花；总轴长3~4厘米，具短腺体和白色绒毛；花梗长3~5厘米，被毛同总轴；花萼小，5裂，裂片卵形，长2~4毫米，外面密生腺体；花冠漏斗状钟形或钟形，在2~3厘米，白色或白色带粉红色，有时外面沿花瓣脊为深粉红色或粉红色，内面无斑点，5裂至中部，裂片圆形。雄蕊10，较花冠管短或近等长，花丝下半部或近基部密被柔毛。子房圆柱状锥形，密被腺体；花柱通体被腺体。蒴果圆柱状，长1.5~3厘米，直径6毫米，直立或微弯曲，被宿存腺体。花期5~6月，果期10月。

产于四川西部，生于林中，海拔2 600~3 000米。

花丝基部毛

花萼

花蕾

子房

叶芽鳞苞片

叶背面毛被

树形杜鹃花亚组 subsect. Arborea Sleumer

本亚组包含1种杜鹃花，亚组性状描述见种。

马缨杜鹃花 *Rhododendron delavayi* Franch.

常绿灌木或小乔木，高3~10米，或更大型。幼枝具明显叶痕，密被薄层淡黄褐色或灰白色绒毛，有时具短柄腺体，后变为无毛。叶片硬革质，长圆状披针形、披针形、倒披针形或狭椭圆形，长6~25厘米，宽2.5~6厘米，先端钝尖或急尖，基部楔形，边缘反卷；成熟叶表面深绿色，成长后无毛，背面毛被1层，厚毡毛状，灰白色或淡黄褐色；叶柄被毛同幼枝。顶生伞形花序，有15~20花；总轴长1~2厘米，被灰白色或褐色绒毛；花梗长0.5~1.5厘米，密被绒毛；花萼小，长1~3毫米，裂片5，外面和边缘有或无毛；花冠管状钟形，长3~5厘米，肉质，红色、深红色或粉红色，内面具深色斑点，基部有5枚黑红色蜜腺囊，5裂至近全长的1/3，裂片近于圆形，顶端有缺刻。雄蕊10，花丝无毛。子房圆锥形，长4~7毫米，密被灰色绒毛，有或无腺体；花柱较花冠稍短或近等长，无毛或被绒毛至顶部。蒴长圆柱形，长1.5~3厘米，稍弯曲或直立，宿存锈色、褐色或淡黄褐色绒毛，有或无短柄腺体。花期4~5月，果期9~10月。

产于四川、云南和贵州西部，生于常绿阔叶林、灌丛，海拔1 200~3 200米。

子房

花蕾

花冠内斑点

果实

幼枝

大理杜鹃花亚组

subsect. Taliensia Sleumer

灌木或小乔木。幼枝无毛或密被绒毛，有或无腺体。叶片革质，成熟叶表面无毛，背面有一层或两层毛被，毛被厚，松散或薄紧贴，上层毛通常为绵毛状分枝绒毛，毛色变化，宿存、脱落或完全脱落。花序顶生，松散或密集，有5~20花；总轴缩短；花萼大型或不发育；花冠5裂，稀6~7裂，钟形或漏斗状钟形，白色、粉红色至蔷薇色或黄色，常具明显的斑点。雄蕊10，稀更多，不等长，最长雄蕊较花冠和花柱短，花丝被毛。雌蕊通常较花冠短或近等长，子房无毛或多少被柔毛；花柱通常无毛，有时被腺体。蒴果通常直立，有时稍弯曲，稀极弯呈镰状。

本书本亚组包括21种（亚种/变种）杜鹃花。

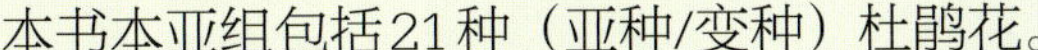

大理杜鹃花亚组分种检索流程图

大理杜鹃花亚组

花萼大，长5~15毫米。

叶下面有两层毛被，上层毛被通常厚，由分枝毛组成，下层毛被薄，紧贴。

叶卵状长圆形，长7~12厘米，宽2.5~4厘米，花冠钟形，长4厘米。
金顶杜鹃花

叶宽椭圆形或椭圆状倒卵形，长7~17厘米，宽4~7厘米，花冠长4~5厘米。
大叶金顶杜鹃花

叶下面有一层毛被，薄或者浓厚。

叶下面毛被薄。叶卵状披针形或长圆状椭圆形，毛被淡棕色或淡肉桂色，灰泥状，多少粘结；子房和花柱下部被短柄腺体。
粉钟杜鹃花

叶下面毛被浓厚。

毛被海绵质，肉桂色至黄褐色；叶披针形或长圆状披针形；子房和花柱下部密被短柄腺体。
腺房杜鹃花

毛被绵毛状或毡毛状。幼枝和叶柄密被柔毛，混生腺体；叶椭圆形或倒卵状椭圆形；子房和花柱下半部密被短柄腺体和柔毛，有时仅被腺体。
锈红杜鹃花

叶下面毛被不具表膜。

叶下面毛被两层，上层毛被厚而稠密或薄而疏松，由分枝毛组成，下层毛被色淡而紧贴。

叶下面毛被两层。

中等大直立灌木，芽鳞脱落（巴朗杜鹃花除外，芽鳞宿存）。叶常较大，边缘多少反卷或平坦。

子房无毛。

叶倒卵形或椭圆状倒卵形，长6~10厘米，下面的上层毛被淡黄色至淡黄棕色，疏松，多少脱落；花冠钟形，白色；芽鳞宿存。
巴朗杜鹃花

叶长圆状椭圆形或卵状披针形，长4~10厘米，下面的上层毛被红棕色至肉桂色；花冠钟形，乳白色，黄色至带粉红色。
大理杜鹃花

子房被毛。叶椭圆形或长圆状卵形，长9.5~18厘米；花萼长2~5毫米，外面有稀疏的腺体，边缘有纤毛及短柄腺体；花冠漏斗状钟形，淡红色至白色，裂片7；雄蕊14~16，花柱通体被淡黄白色短柄腺体。
黄毛杜鹃花

矮小灌木，芽鳞宿存，叶常较窄，边缘明显反卷。叶长6~10厘米；花梗被毛和短柄腺体；花冠白色带粉红色，长3~4厘米，花柱光滑。
卷叶杜鹃花

花萼小，长0.5~3毫米。
叶上面平坦，不呈泡状粗皱纹。
叶下面毛被具表膜。
叶长圆形或椭圆状长圆形，下面毛被一层，白色至黄白色。
雪山杜鹃花
叶片椭圆形，下面毛被厚，初为黄色，后变为深红棕色，呈不规则的块状分裂。
黄毛雪山杜鹃花
叶上面呈泡状粗皱纹。叶倒卵状长圆形，下面毛被一层，厚而稠密，淡棕色至锈红色，宿存；花冠白色或淡粉红色，长3~4厘米。
皱皮杜鹃花
叶下面被薄层细绒毛，黏结或不粘结。
叶下面毛被由放射状毛组成，紧密，不粘结。
乳黄杜鹃花
叶下面毛被由分枝毛或长芒状分枝毛组成，密集，多少粘结。
毛被由短分枝毛组成，宿存。
叶下面密被薄层褐色或黄褐色毛被，毛多少粘结，不分裂。
栎叶杜鹃花
叶下面毛被一层。
毛被由具长芒状分枝毛组成，叶卵状椭圆形或椭圆形，下面毛被黄棕色至锈黄色，有时灰白色，成长后毛被脱落，变为无毛。
陇蜀杜鹃花
叶下面密被茶色或朱红色绒毛，毛呈薄毡状或有时黏结或分裂。
叶背面具黏结毛被，有时分裂。
凝毛杜鹃花
叶背面毛被薄毡状，连续，不黏结，也不分裂。
毡毛栎叶杜鹃花
子房被毛。
子房被毛和腺体。
幼枝和叶柄密被分枝毛，无腺体；叶长圆状椭圆形或椭圆形，长9~12.5厘米，宽3.5~4.5厘米，下面毛被厚而密，黄棕色至棕色；花冠白色。
丹巴杜鹃花
幼枝和叶柄密被绒毛和腺体；叶披针形或长圆形，长12~17厘米，宽4~5厘米，下面毛被疏松，黄棕色；花冠深粉红色，后为粉红而带黄色。
大炮山杜鹃花
叶片背面毛被薄，无腺毛。花冠漏斗状钟形，白色或粉红色。花柱基部被毛。
汶川褐毛杜鹃花
叶片背面毛被厚，有或无腺毛。花冠阔钟形，淡黄色或带白色。花柱无毛。
褐毛杜鹃花

大理杜鹃花亚组 subsect. Taliensia

粉钟杜鹃花 *Rhododendron balfourianum* Diels

常绿灌木，高1~4米。幼枝散生短腺体。叶片革质，卵状披针形至长圆状椭圆形，长5~12厘米，宽2.5~4.5厘米，先端急尖或渐尖，具尖头，基部圆形或略呈心形，边缘稍反卷，成熟叶表面无毛，背面毛被厚绵毛状、薄毡状或泥膏状，白色、黄褐色或褐色，多少黏结或具表膜；叶柄长1.5~2厘米，初被腺体和丛卷毛，后变无毛。顶生短总状伞形花序，有5~7花；总轴长约5毫米；花梗长1.5~2.5厘米；花萼大，长4~8毫米，5深裂至中部以下，裂片长圆状椭圆形，外面被柔毛和密被短腺体，边缘具腺头睫毛；花冠漏斗状钟形，长2.5~4厘米，淡粉红色、粉红色或粉紫色，内面具深红色斑点，两面无毛，裂片5。雄蕊10，花丝基部被微柔毛。子房圆锥形，长5~6毫米，密被短柄腺体，花柱无毛或下部具柔毛或短柄腺体。蒴果长圆柱形，直立，长1.5~2厘米，直径6~8毫米，腺体脱落或部分宿存。花期5~6月，果期10月。

产于四川西南部、云南西北部和西部，生于针叶林林缘、灌丛，海拔2 500~4 600米。

花萼
花冠
叶背面毛
花冠解剖图
雄蕊
雌蕊
叶背面

大理杜鹃花亚组花 subsect. Taliensia

腺房杜鹃花 *Rhododendron adenogynum* Diels

子房

叶背面毛

花萼

常绿灌木，高1~2.5米。幼枝被灰白色绵毛状绒毛，有时混生有柄腺体，毛多少脱落。叶片厚革质，披针形或长圆状披针形，长6~12厘米，宽2~4厘米，先端渐尖或急尖，基部圆形或略呈心形，边缘稍反卷，成熟叶暗绿色，无毛，背面密被淡褐色、黄褐色或锈红色海绵状绒毛，有时混生有柄腺体；叶柄长1~1.5厘米，初被绒毛和短柄腺体，变无毛。顶生总状伞形花序，有8~12花；总轴长1~1.5厘米，密被绒毛和腺体；花梗长1.5~3厘米，密被绒毛和短柄腺体；花萼大，长1~8毫米或更大型，5深裂几达基部，裂片长圆形，外面和边缘均具短柄腺体；花冠钟形，长3.5~4.5厘米，白色、红粉色或粉红色，内面具深红色斑点和柔毛，裂片5，近圆形，顶端微缺。雄蕊10，花丝下半部密被微柔毛和腺毛。子房圆锥形，密被短柄腺体；花柱较花冠稍短或近等长，下部被短柄腺体。蒴果直立，长圆柱形，长1.5~2厘米，直径6~7毫米，被短柄腺体和绒毛。花期5~6月，果期10月。

产于四川西西南部、云南西北部和西藏东南部，生于冷杉林、杜鹃花灌丛、山坡杂灌丛，海拔3 200~4 200米。

大理杜鹃花亚组 subsect. Taliensia

锈红杜鹃花 *Rhododendron bureavii* Franch.

幼枝

花萼

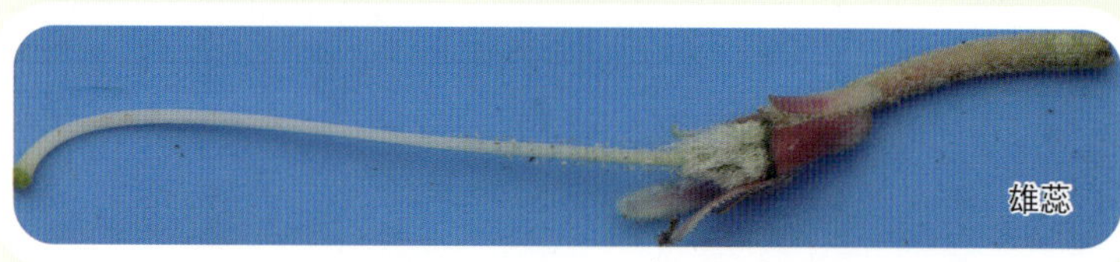
雄蕊

叶背面毛

常绿灌木，高1~3米。幼枝密被锈红色至黄褐色绵毛状绒毛，有时混生腺体，毛宿存。叶片厚革质，椭圆形或倒卵状长圆形，长5~14厘米，宽2.5~6厘米，先端急尖或渐尖，具细小尖头，基部钝或近于圆形，成熟叶表面无毛，背面密被一层锈红色或黄褐色分枝绵毛状绒毛，毛宿存或部分脱落；叶柄长1~2厘米，密被锈红色绵毛状分枝绒毛。顶生总状伞形花序．有10~20花；总轴短，密被分枝锈红色绵毛状绒毛，混生腺体；花梗长1.5~2厘米，密被绒毛和腺体；花萼大，长5~8毫米，5深裂至中部以下，裂片长圆形，外面下半部密被柔毛和腺体，边缘具腺头睫毛；花冠管状钟形或钟形，长3~4.5厘米，白色带粉红色至粉红色，内面基部具深红色斑和微柔毛，向上具紫色斑点，裂片5，近圆形，顶端微缺。雄蕊10，花丝基部被白色微柔毛。子房卵圆形，密被短柄腺体和柔毛，有时仅被腺体；花柱较花冠稍短或近等长，至少在基部被与子房相似的毛被。蒴果长圆柱形，长1.5~2厘米，直径约1厘米，残存腺体和被毛痕迹。花期4~5月，果期9~10月。

产于四川西南部和西部、云南北部，生于裸子植物林、杜鹃花灌丛林，海拔2 800~4 500米。

大理杜鹃花亚组 subsect. Taliensia

金顶杜鹃花 *Rhododendron faberi* Hemsl.

花萼

子房和花柱

子房和花柱被毛

叶背面毛

常绿灌木，高1~3米。幼枝密被褐色柔毛。叶片革质或厚革质，卵状长圆形或长圆形，长7~17厘米，宽2.5~5厘米，先端急尖并具微弯的小尖头，基部宽楔形或近于圆形，有时略呈耳状，成熟叶表面淡绿色，无毛，背面有两层毛被，上层毛被厚，初为灰白色，后变黄褐色或锈红色，成熟后少量脱落，下层毛被极薄，灰白色，宿存；叶柄长1.5~2.5厘米，密被灰色绒毛。顶生总状伞形花序，有6~15花；总轴短，散生绒毛；花梗长1.5~2厘米，密被黄褐色或灰褐色绒毛和腺体；花萼大，长8~12毫米，5深裂，裂片长圆形或卵圆形，外面近基部被腺毛和柔毛，边缘具腺头睫毛；花冠漏斗状钟形，长4~5厘米，粉红色，内面基部具紫色斑块和白色短柔毛。雄蕊10，花丝基部被柔毛。子房密被红褐色腺体，有时杂有绒毛；花柱无毛，稀于基部具少量腺毛。蒴果柱状长圆形，长1~2.5厘米，直径5~8毫米。花期5月，果期10~11月。

产于四川西部，生于针叶林和林缘、杜鹃花灌丛、山坡岩缝，海拔2 800~4 000米。

大理杜鹃花亚组 subsect. Taliensia

大叶金顶杜鹃花 *Rhododendron prattii* Franch.

常绿灌木，高2~3米。幼枝密被褐色或灰褐色柔毛。叶片革质，卵状长圆形或椭圆形，长7~18厘米，宽4~7厘米，先端急尖、锐尖或近圆形，具小尖头，基部宽楔形或近于圆形；成熟叶表面淡绿色，无毛，背面有两层毛被，上层毛被灰褐色或淡黄褐色，薄，成熟后少量脱落，下层毛薄毡状或泥膏状，灰白色，宿存；叶柄长约2厘米。顶生总状伞形花序，有12~20花；总轴短，被腺毛；花梗长1~2厘米，密被灰褐色绒毛和腺体；花萼长7~12毫米，5深裂至基部，裂片长圆形，外面近基部被腺毛，边缘无毛或散生毛；花冠长3.5~5厘米，粉红色或有时白色，内面基部具红色或深红色斑块和白色短柔毛，5裂至全长的1/3。雄蕊10，花丝基部被柔毛。子房密被有柄腺体；花柱较花冠短，无毛。蒴果柱状长圆形，长2.5厘米，残存腺体。花期5~6月，果期10~11月。

产于四川西部，生于裸子植物林林缘、灌丛、山坡岩缝，海拔2 800~4 000米。

叶背面毛

花冠内毛和斑点

子房

花萼

大理杜鹃花亚组 subsect. Taliensia

皱皮杜鹃花 *Rhododendron wiltonii* Hemsl. et Wils.

常绿灌木，高1.5~3米。幼枝密被黄褐色或灰褐色绒毛。叶片革质，卵状长圆形或倒披针形，长5~15厘米，宽2~4厘米，先端急尖，具细小尖头，基部楔形，边缘稍反卷；成熟叶表面呈粗皱纹，变无毛，背面密被一层由分枝绒毛组成的锈红色、淡棕色或深褐色绒毛单层毛被；叶柄长1.5~2厘米，幼时密被黄褐色或灰褐色绒毛。顶生总状伞形花序，有8~10花；总轴长5~8毫米，被黄褐色柔毛；花梗长1.5~2厘米，密被淡黄褐色丛卷分枝绒毛，混生少量腺体；花萼小，长1~3毫米，边缘波状或明显5裂，裂片近圆形，密被丛卷毛；花冠漏斗状钟形，长3~4厘米，粉红色、淡粉紫色、淡红色或红色，内面具红色或深红色斑点，基部被微柔毛，裂片5，圆形，顶端微缺。雄蕊10，花丝下半部密被柔毛。子房卵圆形，密被锈红色绒毛，毛质地较硬，散生有柄腺毛；花柱较花冠短，无毛。蒴果圆柱形，长1.5~2厘米，直径4~5毫米，密被褐色绒毛。花期5~6月，果期9~10月。

产于四川西部，生于山坡林，海拔2 200~3 300米。

花冠内毛和斑点
叶背面毛
幼果
花萼
子房

大理杜鹃花亚组 subsect. Taliensia

雪山杜鹃花 *Rhododendron aganniphum* Balf. f. et K. Ward

常绿灌木，高1~4米。幼枝变无毛。叶片厚革质，长圆形或椭圆状长圆形，有时卵状披针形，长5~13厘米，宽2~6厘米，先端钝或急尖，具硬小尖头，基部圆形或近于心形，边缘反卷；成熟叶表面深绿色，无毛，下面密被绵毛状分枝绒毛，毛被白色、淡黄白色、淡黄褐色或淡褐色，毛被1~2层，有时分裂，宿存、部分脱落或变无毛；叶柄长1~1.5厘米，无毛。顶生短总状伞形花序，有10~20花；总轴长约5毫米，无毛；花梗长0.8~1.5厘米，无毛；花萼小，边缘呈波状或具5小齿裂，外面无毛或疏被从卷绒毛，边缘多少具睫毛；花冠漏斗状钟形或钟形，长3~3.5厘米，白色或淡粉红色，内面具紫红色或深紫红色斑点，裂片5，近扁圆形，顶端微缺。雄蕊10，花丝向基部散生柔毛。子房圆锥形，无毛；花柱较花冠较短，无毛。蒴果圆柱形，直立，长1.5~2.5厘米，直径5~7毫米。花期5~6月，果期10~12月。

产于甘肃、青海、四川西部、云南西北部和西藏东南部，生于裸子植物林、杜鹃花灌丛，海拔2 700~4 700米。

花萼
子房
花冠内斑点
叶背面毛

大理杜鹃花亚组 subsect. Taliensia

黄毛雪山杜鹃花（变种） *Rhododendron aganniphum* Bolf. f. etk. Ward. var. *flavorufum* (Balf. f. et Forrest) Chamb.

本变种与雪山杜鹃花的区别有：叶片椭圆形，下面毛被厚，初为黄色，后变为深红棕色，呈不规则的块状分裂。花期6~7月。

产于四川西南部，生于海拔3 250~400 的针叶林下或多岩石的山坡杜鹃花灌丛中。

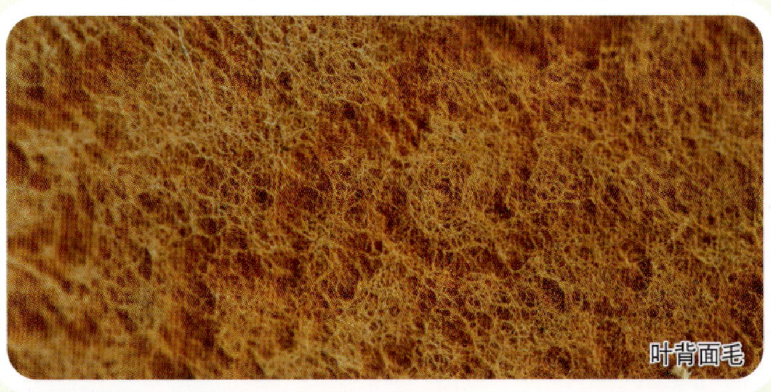

叶背面毛

叶背面

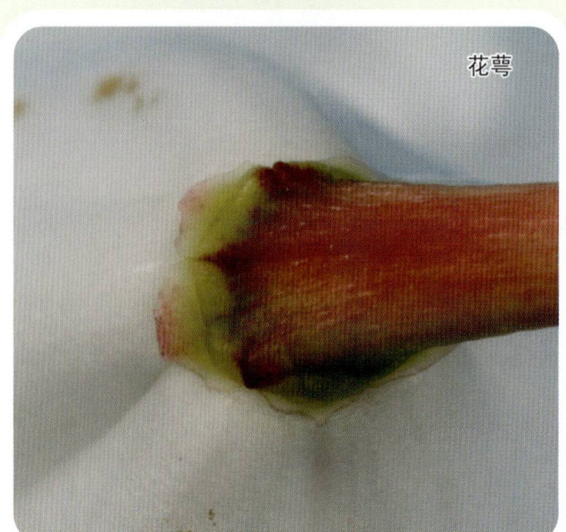

花萼

大理杜鹃花亚组 subsect. Taliensia

陇蜀杜鹃花 *Rhododendron przewalskii* Maxim.

常绿灌木，高1~3米。幼枝淡褐色，无毛。叶片革质，卵状椭圆形、长圆形或阔长圆形，长6~10厘米，宽3~4厘米，先端钝，具小尖头，基部圆形或略呈心形，成熟叶表面无毛，背面毛被薄毡状或厚绵毛状，1层，灰白色、黄褐色、茶色、锈褐色、深红褐色或深褐色，宿存或脱落；叶柄带黄色，长1~1.5厘米，无毛。顶生伞房状伞形花序，有10~15花；总轴长1~1.5厘米，无毛；花梗长1~2厘米，无毛；花萼小，5小齿裂，长1~1.5毫米，无毛；花冠钟形或漏斗形，长2.5~4.5厘米，白色至粉红色，内面具紫红色斑点，裂片5，近圆形，顶端微缺。雄蕊10，花丝无毛或下半部略被柔毛。子房圆柱形，无毛，稀散生柔毛，长4~5毫米；花柱较花冠短，无毛。蒴果长圆柱形，长1.5~2厘米，直径4~5毫米，光滑。花期4~6月，果期9~11月。

产于陕西西部、甘肃西南部、青海东部、东南部和西南部及四川西部和西北部，生于海拔2 900~4 300米的高山林地，常成林。

毛被裂纹
叶背面毛
花萼

大理杜鹃花亚组 subsect. Taliensia

栎叶杜鹃花 *Rhododendron phaeochrysum* Balf. f. et W. W. Smith

花萼

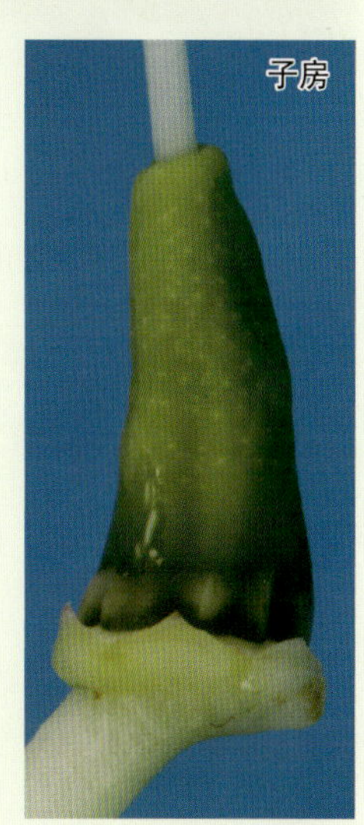
子房

叶背面毛

常绿灌木，高1~4米。幼枝初被丛卷毛和腺体，后变无毛。叶片革质，卵圆形、长圆状椭圆形、狭长圆形、长圆状披针形或披针形，长7~14厘米，宽2.5~5厘米，先端钝或急尖，具小尖头，基部近于圆形或心形；成熟叶表面无毛，背面密被淡褐色、淡黄褐色至淡锈褐色分枝短绒毛，毛紧贴或黏结，呈薄泥膏状或薄毡状；叶柄长1~1.5厘米，疏被灰白色丛卷毛，后变无毛。顶生总状伞形花序，有8~15花；总轴长0.5~1.5厘米，无毛或疏被微柔毛；花梗长1~2厘米，疏被丛卷毛或无毛；花萼小，边缘波状或具5小齿裂，无毛；花冠漏斗状钟形，长4.5厘米，白色、白色带粉红色、淡粉红色，内面具紫红色斑点，基部被白色微柔毛，裂片5，顶端微缺。雄蕊10，花丝下半部被白色短柔毛。子房圆锥形，无毛或散生柔毛；花柱无毛。蒴果长圆柱形，长1.5~3厘米，直径4~6毫米。花期5~6月，果期8~11月。

产于四川西部、云南西北部和西藏东南部，生于冷杉林、杜鹃花灌丛，海拔3 300~4 200米。

大理杜鹃花亚组 subsect. Taliensia

凝毛杜鹃花（变种） *Rhododendron phaeochrysum* Balf. f. et W. W. Smith var. agglutinatum (Balf. f. et Forest) Chamb.

本变种与原变种的区别是：幼枝无毛；叶长圆状卵形，长5~8厘米，宽2.5~4厘米，下面毛被黄棕色，黏结，有时呈块状分裂；花较小，花冠长2.3~3.5厘米；蒴果圆柱形，直立。花期5~6月，果期7~10月。

产于四川西南部、西部和西北部，生于海拔3 000~4 800米的高山杜鹃花灌丛中或冷杉林下。

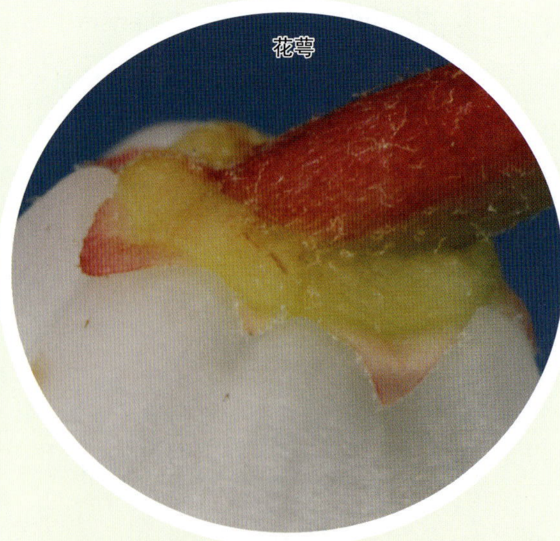

花萼

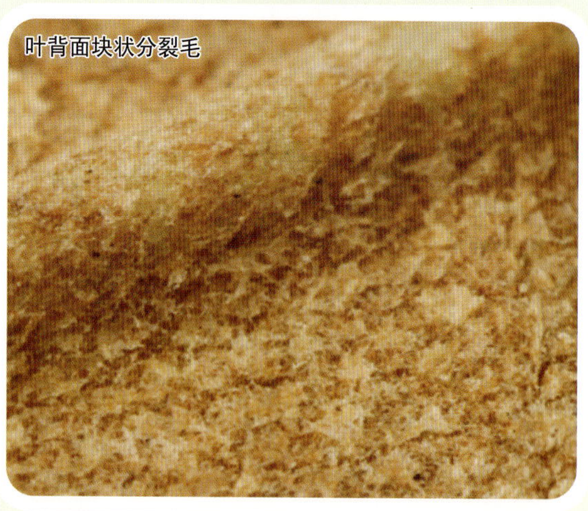

叶背面块状分裂毛

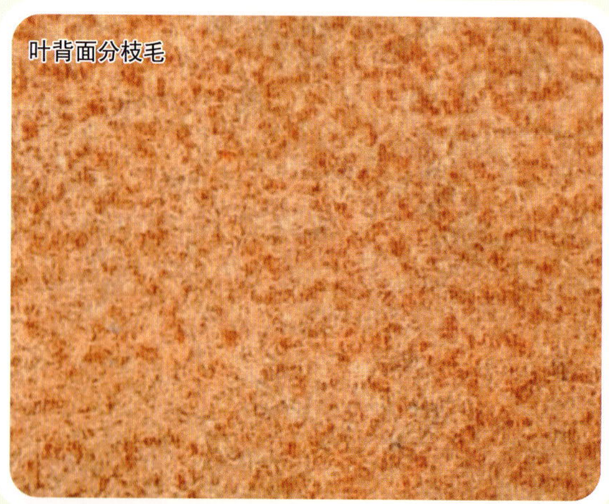

叶背面分枝毛

叶片

大理杜鹃花亚组 subsect. Taliensia

毡毛栎叶杜鹃花(变种) *Rhododendron phaeochrysum* Balf. f. et W. W. Smith var. levistratum (Balf. f. et Forrest) Chamb.

本变种与原变种的主要区别特征有：叶较小，披针形或长圆状椭圆形，长5~9厘米，宽2~3.5厘米，下面密被黄棕色或肉桂色毡毛状毛被，不黏结；花亦较小，花冠长2~3厘米；有时子房疏被短柔毛。花期5~6月。

产于四川西部、西南部和西北部，生于海拔3 000~4 450米的高山杜鹃花灌丛中或冷杉林下。

大理杜鹃花亚组　subsect. Taliensia
乳黄杜鹃花　*Rhododendron lacteum* Franch.

常绿灌木或小乔木，高2~6米。小枝具明显叶痕，初被薄层淡黄褐色绒毛，变无毛。叶片厚革质，长圆状椭圆形、宽椭圆形或倒卵状椭圆形，长9~35厘米，宽6~8厘米，先端圆或钝，具短凸尖头，基部圆，略呈心形，边缘稍外卷略呈波状；成熟叶表面绿色，无毛，背面毛被1层，毛细密，薄紧贴，泥膏状或羔皮状，由淡黄棕色至灰黄棕色的放射状毛组成；叶柄长2~3厘米，初被灰白色丛卷毛，后变无毛。顶生总状伞形花序，有15~25花，总轴长1~3厘米，疏被丛卷毛；花梗长2~3厘米，被柔毛，后变无毛；花萼小，长1~1.5毫米，5小齿裂，外面散生柔毛，边缘具睫毛；花冠宽钟形，长3.5~4.5厘米，乳黄色，有时基部具紫红色斑块，裂片5，近圆形，顶端微缺。雄蕊10，花丝基部密被白色微柔毛。子房圆锥形，密被绒毛；花柱较花冠短或近等长，无毛。蒴果长圆柱形，长2~3厘米，直径约5毫米，略弯，被毛。花期5月，果期10~12月。

产于云南西部和四川西南部，生于冷杉林、杜鹃花灌丛，海拔3 000~4 100米。

叶背面毛

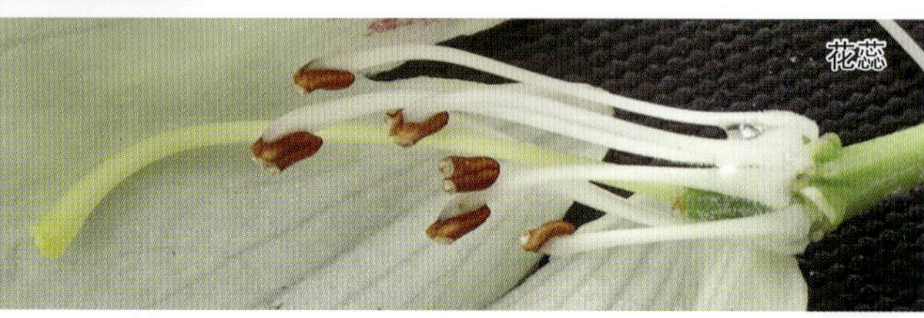

花蕊

叶片

花冠

大理杜鹃花亚组 subsect. Taliensia

褐毛杜鹃花 *Rhododendron wasonii* Hemsl. et Wils.

常绿灌木，高1~3米。幼枝初被柔毛，变无毛。叶片革质，卵状披针形、卵形或卵状椭圆形，长5.5~8厘米，宽2.5~4厘米，先端急尖，具硬尖头，基部宽楔形或近于圆形，边缘稍反卷，成熟叶表面具光泽，深绿色，变无毛，背面密被厚绵毛状毛被，毛被1层，初为灰白色，变红褐色、锈褐色或黄褐色，杂有少量腺毛；叶柄长5~15毫米，多少被毛。顶生总状花序，有6~10花；总轴长7~10毫米，疏被短柔毛；花梗长1.5~2.5厘米，密被丛卷绒毛；花萼小，长约3毫米，裂片5，外面被灰白色或淡黄褐色柔毛；花冠宽钟形或漏斗状钟形，长3.5~4厘米，白色、黄色至粉红色，筒部上方裂片带蔷薇色，具深红色斑点，内面基部被短柔毛，裂片5，近圆形，顶端微缺。雄蕊10，花丝下半部被白色微柔毛。子房密被褐色或近白色的长柔毛；花柱较花冠短，无毛。蒴果圆柱形，被毛，长1.5厘米，直径约4厘米。花期5~6月，果期8~11月。

产于四川西部，生于针叶林、杜鹃花灌丛，海拔3 000~4 000米。

花萼
子房
叶背面毛
花冠内斑点和毛
幼果

本变种与原变种有以下一些区别：本变种叶片下面被薄层暗棕色至金棕色紧密近于黏结的毛被；花较小，花冠漏斗状钟形，粉红色至白色，长2.5~3.5厘米，花柱基部被长柔毛。花期5~6月。

产于四川西北部，生于海拔3 000~3 500米的高山林中。

花冠内面毛

子房和花柱

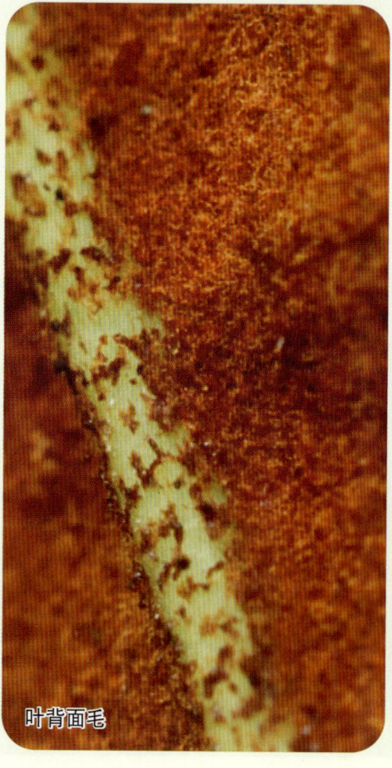

叶背面毛

大理杜鹃花亚组 subsect. Taliensia

丹巴杜鹃花 *Rhododendron danbaense* L. C. Hu

雌蕊

常绿灌木，高2~4米。幼枝密被淡黄褐色至灰褐色分枝柔毛，有时杂有腺体。叶片厚革质，长圆状椭圆形或椭圆形，长9~13厘米，宽3.5~4.5厘米，先端渐尖，基部心形或近圆形，边缘稍反卷；成熟叶表面无毛，有时沿下凹的中脉宿存绒毛，背面密被褐色或黄褐色分枝绒毛，毛被厚绵毛状，1层；叶柄长1~2厘米，密被灰色分枝长柔毛。顶生伞形花序，有6~8花；总轴长3~5毫米，无毛或散生绒毛；花梗长1~2厘米，密被分枝长绒毛和有柄腺体；花萼小，长2~4毫米，裂片5，外面被长柔毛和长柄腺体，边缘具腺头睫毛；花冠漏斗状钟形，长4~4.5厘米，白色，内面具深红色斑点，裂片5，近圆形或卵形，顶端微缺。雄蕊10，花丝基部被白色微柔毛或无毛。子房圆锥形，密被长绒毛和有柄腺体；花柱较花冠短或近等长，中部以下密被长绒毛，杂有腺体。花期5~6月，果期不详。

产于四川西部，生于林中，海拔3 400米。

叶背面毛

花萼

大理杜鹃花亚组 subsect. Taliensia

大炮山杜鹃花 *Rhododendron nigroglandulosum* Nitzelius

灌木，高3~5米。幼枝密被绒毛，具近黑色短柄腺体。叶片革质，披针形、长圆形或长圆状椭圆形，长10~17厘米，宽4~5.5厘米，先端钝，具短尖头，向基部渐狭呈圆形，成熟叶表面无毛，背面被茶色或深褐色绵毛状绒毛；叶柄长1.5~3厘米，密被腺体和丛卷绒毛。花序伞形，有8~10花；总轴长1~1.5厘米，无毛；花梗长2~3厘米，被丛卷绒毛；花萼小，边缘波状或具5小齿裂，外面被丛卷柔毛；花冠钟形，长4~5厘米，粉红色或白色，内面具紫红色斑点，长4~5厘米，5裂至全长的1/3。雄蕊10，花丝无毛。子房密被绒毛和短柄腺体，花柱无毛。蒴果长1.5~2厘米，直径8毫米。花期7月，果期未知。

产于四川康定，生于山坡灌丛，海拔3 500米。

叶片

花萼和花序轴

幼枝

雌蕊

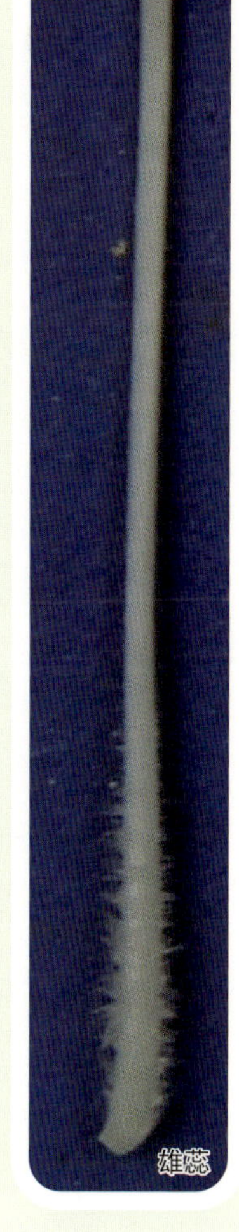
雄蕊

大理杜鹃花亚组 subsect. Taliensia

巴朗杜鹃花 *Rhododendron balangense* W. P. Fang

常绿灌木，高1~3米。幼枝无毛，叶芽鳞多少宿存。叶片革质，叶片倒卵形或椭圆状倒卵形，长6~10厘米，宽3.5~6厘米，先端急尖，基部钝或近圆形，边缘稍反卷，成熟叶表面无毛，背面毛被两层，上层毛被淡黄色或淡黄褐色，由厚绵毛状分枝绒毛组成，多少脱落，下层毛被带白色，紧贴而宿存；叶柄长1.5~3厘米，密被腺体和从卷绒毛。顶生总状伞形花序，有13~15花；总轴长1~1.5厘米，密被灰白色或黄褐色绒毛；花梗长3~4厘米，毛被同总轴；花萼小，长1~2毫米，裂片5，外面密被丛卷绒毛；花冠阔钟形，长3.5~4厘米，直径3~3.5厘米，白色，两面无毛，裂片5，圆形，顶端微缺。雄蕊10，短于花冠；花丝下半部密被白色微柔毛。子房和花柱无毛。蒴果长圆柱形，长2~3厘米，直径4~6毫米。花期4~5月，果期9~12月。

产于四川西北部，生于山坡灌丛，海拔2 400~3 400米。

花萼

花冠内面毛

叶背面毛

幼枝和叶芽鳞

子房

大理杜鹃花亚组 subsect. Taliensia

大理杜鹃花 *Rhododendron taliense* Franch.

常绿灌木，高1~4米。幼枝密被绵毛状绒毛，以后变为无毛。叶片厚革质，长圆状椭圆形至卵状披针形，长4~12厘米，宽2~4厘米，先端急尖，具突尖头，基部圆形或楔形，边缘略反卷；成熟叶表面无毛，背面有两层毛被，上层为黄褐色、红褐色至锈红色分枝绒毛，下层毛被紧贴，色较淡；叶柄长1~1.5厘米，被多少脱落的毡状绒毛，有时杂有腺体。顶生伞形花序，有10~15花；总轴长6~15毫米，被柔毛；花梗长1~2厘米，密被红褐色绒毛，有时杂有腺体；花萼小，长2~3毫米，5裂至近基部，无毛；花冠钟形，长3~3.5厘米，乳白色、黄色或带粉红色，上部裂片和花冠内面具深红色斑点，裂片5，圆形，顶端微缺。雄蕊10，花丝基部被白色微柔毛。子房和花柱无毛。蒴果长圆柱形，长1~1.5厘米，直径4~5毫米。花期4~5月，果期9~11月。

产于四川西部、云南西部及西北部，生于冷杉林、杜鹃花灌丛，海拔3 200~4 100米。

花苞

叶背面毛

幼果

大理杜鹃花亚组 subsect. Taliensia

卷叶杜鹃花 *Rhododendron roxieanum* Forrest ex W. W. Smith

常绿小灌木，高0.5~3米。幼枝初密被锈色、锈红色或锈褐色厚绵毛状绒毛，叶芽鳞宿存。叶片厚革质，线状披针形或倒披针形，长6~10厘米，宽1.5~3厘米，先端急尖，具突尖头，基部圆形或楔形，边缘略反卷；成熟叶表面除下凹的中脉外，其余无毛，背面有两层毛被，上层毛被红棕色或肉桂色，松软，毡毛状，由分枝绒毛组成，下层毛被紧密；叶柄长0.5~1.5厘米，被毛同幼枝，有时变无毛。顶生伞形花序，有6~15花；总轴长约1厘米，被毛；花梗长0.8~2厘米，密被绒毛，有时杂有腺体；花萼小，5小齿裂，外面被锈红色分枝绒毛或短柄腺体，边缘被腺体；花冠钟形或漏斗状钟形，长3~3.5厘米，乳白色、白色带粉红色或粉红色，花冠和上部裂片具深红色斑点，裂片5，圆形顶端微缺。雄蕊10，花丝基部被白色微柔毛。子房密被锈红色绒毛，有时混生短柄腺体；花柱较花冠短，无毛。蒴果长圆柱形，长1~2厘米，直径5~6毫米。花期5~6月，果期10~11月。

产于四川南部、云南西北部、陕西西南部、甘肃南部和西藏东南部，生于针叶林和杜鹃花灌丛，海拔2 600~4 300米。

花萼
花冠解剖图
子房
雄蕊
叶背面毛
叶表面
叶背面

大理杜鹃花亚组 subsect. Taliensia

黄毛杜鹃花 *Rhododendron rufum* Batalin

常绿灌木或小乔木，高 1.5~5 米。幼枝密被薄白色丛卷绒毛，变无毛。叶片革质，椭圆形、长圆形、长圆状卵形或长圆状倒卵形，长 6.5~11 厘米，宽 3~5 厘米，先端钝或急尖，具短小尖头，基部近于圆形或宽楔形，边缘稍反卷，成熟叶表面无毛，背面有两层毛被，上层为厚红褐色、黄褐色或锈红色绵毛状分枝绒毛，下层毛被紧密，灰白色；叶柄长 1.5~2 厘米，初被薄灰白色或锈褐色丛卷绒毛，毛脱落。顶生总状伞形花序，有 6~11 花；总轴长 5~6 毫米，密被锈褐色柔毛；花梗长 1~1.5 厘米，密被灰白色或锈褐色丛卷绒毛；花萼不明显，5 小齿裂，外面被与花梗相同的毛；花冠漏斗状钟形，长 2~3 厘米，白色、粉红色或有时色更深，内面基部被短柔毛，上部裂片具深红紫色斑点，裂片 5，近圆形，顶端微缺。雄蕊 10，花丝基部被白色柔毛。子房密被灰褐色绵毛状绒毛，有时顶部混生少数短柄腺体；花柱较花冠短或近等长，无毛或于基部被少量微柔毛。蒴果长圆柱形，被绒毛，长 2~2.5 厘米，直径 5~7 毫米。花期 5~6 月，果期 10~11 月。

产于陕西西南部、甘肃西南部、青海东部和南部、四川西部和西北部，生于林中，海拔 2 300~3 800 米。

花序轴
花冠内斑点和毛
子房
雌蕊
花萼有裂片
花萼环状
叶片
叶背面毛

镰果杜鹃花亚组

subsect. Fulva Sleumer

灌木或小乔木。幼枝被褐色、白色或灰白色绒毛。叶片革质，倒披针形、长圆状披针形或倒卵形；成熟叶表面无毛，背面毛被一层或两层，黄褐色或灰白色，毡毛状或厚绵毛状，为分枝绒毛，毛通常宿存。花序顶生，8~20花；总轴长1~1.5厘米；花萼小；花冠漏斗状钟形或钟形，5裂，白色至淡粉红色，基部具一红色或紫红色斑块，上部裂片具深色斑点。雄蕊10，较花冠和花柱短，花丝基部被柔毛。子房和花柱无毛。蒴果狭长而呈镰刀状弯弓。

本书本亚组包括2种杜鹃花，可以通过以下特征进行区分：

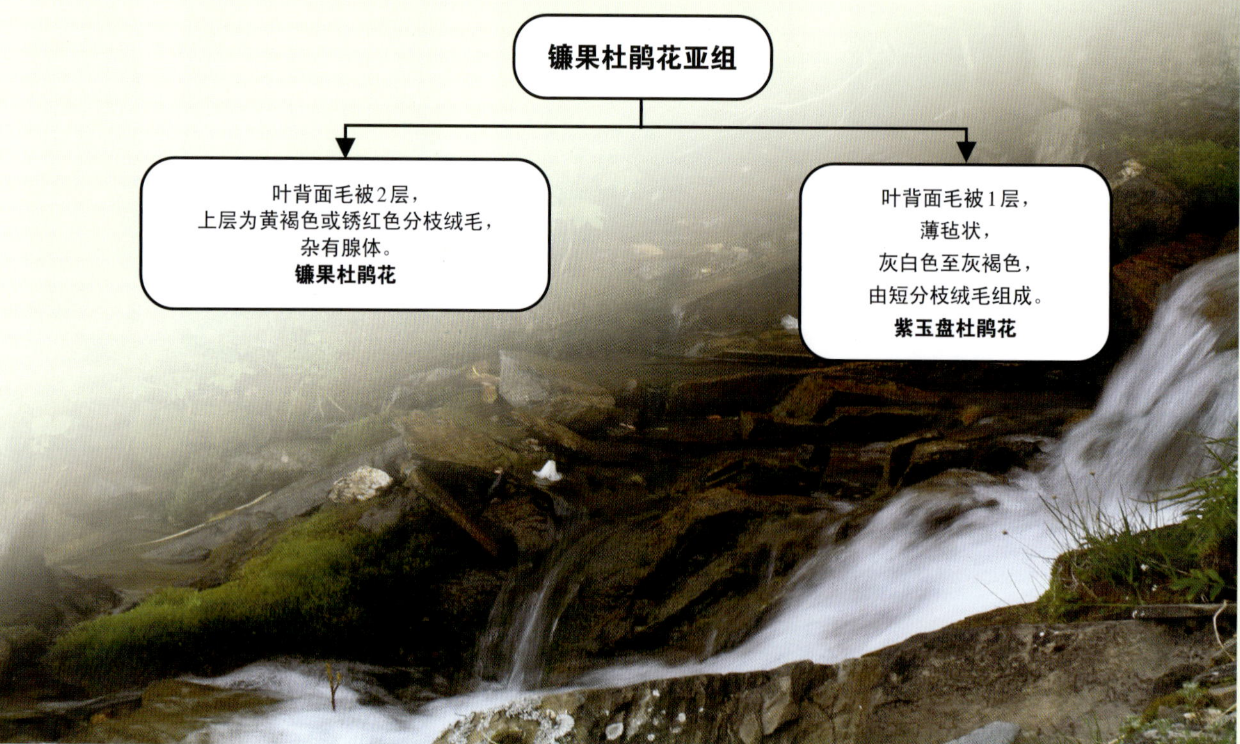

镰果杜鹃花亚组 subsect. Fulva

镰果杜鹃花 *Rhododendron fulvum* Balf. f. et W. W. Smith.

常绿灌木或小乔木，高1.5~5米。幼枝密被黄褐色至灰色绒毛，杂有腺体。叶片革质，倒披针形、长圆状倒披针形或倒卵形，长8~25厘米，宽3~8厘米，先端钝或短渐尖，具小尖头，基部楔形或近于圆形；背面有两层毛被，上层毛被黄褐色、锈色或锈红色，厚绵毛状分枝绒毛，宿存，下层毛被灰色，为紧贴的短分枝绒毛；叶柄长1~2厘米，被毛同幼枝。顶生总状伞形花序，有10~20花；总轴长1.5~2.5厘米，无毛；花梗长1.5~2.5厘米无毛；花萼小，长1~2毫米，无毛，5裂；花冠漏斗状钟形，长3~4厘米，白色或粉红色至蔷薇色，内面基部具一深红色斑，上部裂片有红色斑点，5裂至近中部，近于圆形，顶端微有缺。雄蕊10，花丝被柔毛几达全长。子房和花柱无毛，花柱稍短于花冠。蒴果长圆柱形，长2.5~4厘米，直径3~4毫米，极弯弓成镰刀形。花期5~6月，果期10~11月。

产于四川西南部、云南西部和西藏东南部，生于冷杉林、高山杜鹃花灌丛，海拔2 700~4 400米。

花苞

叶背面毛

花冠

幼果

镰果杜鹃花亚组　subsect. Fulva

紫玉盘杜鹃花　*Rhododendron uvarifolium* Diels

常绿灌木或乔木，高2~6米。幼枝被薄灰白色分枝绒毛，后变无毛。叶片革质，倒披针形、长圆状倒披针形或倒卵形，长10~25厘米，宽3~8厘米，先端钝或急尖，具短小尖头，基部楔形或钝；成熟叶表面无毛，背面毛被薄，1层，薄毡状，由短分枝绒毛组成，灰白色至灰褐色；叶柄长1~2厘米，被灰白色分枝绒毛。顶生总状伞形花序，有6~10花；总轴长约1厘米，多少被毛；花梗长1.5~2.5厘米，散生丛卷绒毛；花萼小，5小齿裂或边缘波状，外面无毛或疏被丛卷绒毛；花冠钟形或漏斗状钟形，长3~5厘米，白色或粉红色至蔷薇色，基部具深红色斑块，向上有紫红色斑点，5裂至近中部。雄蕊10，较花冠和花柱短或近等长，花丝基部被柔毛。子房8室，无毛或疏被绒毛；花柱无毛。蒴果极度弯弓，长3.5~5厘米，直径3~4毫米，无毛。花期4~5月，果期9~11月。

产于四川西南部、云南西北部和西藏东南部，生于针叶林、杜鹃花灌丛，海拔2 100~4 000米。

星毛杜鹃花亚组

subsect. Parishia Sleumer

灌木或小乔木。幼枝被锈色或黄褐色星状绒毛，或稀被腺头刚毛。叶片椭圆形、长圆形或阔倒卵形，表面初被星状毛，变无毛或部分脱落，叶背面被薄层星状毛，混生腺毛，毛多少脱落，有时仅沿中脉宿存或变无毛。花序有5~15花，较密集；花萼明显或发育，有或无毛；花冠管状钟形或漏斗状钟形，5深裂至中部以下，裂片多少肉质，深红色、红色或猩红色，稀黄色，有或无斑点，基部有5个深色的密腺囊。雄蕊10，稀近等长，较花冠和雌蕊短。子房密被绒毛，有时被腺毛，花柱无毛或有时被星状毛和腺毛。

本书本亚组包括2种杜鹃花，可以通过以下特征进行区分：

星毛杜鹃花亚组

- 幼枝无毛；
叶片先端渐尖呈尾状；
叶柄无腺头刚毛；
花柱无毛。
尾叶杜鹃花
- 叶片先端渐尖，有时呈尾尖；
叶柄初备星状绒毛和腺毛，变无毛；
花柱被星状毛至顶部。
会东杜鹃花

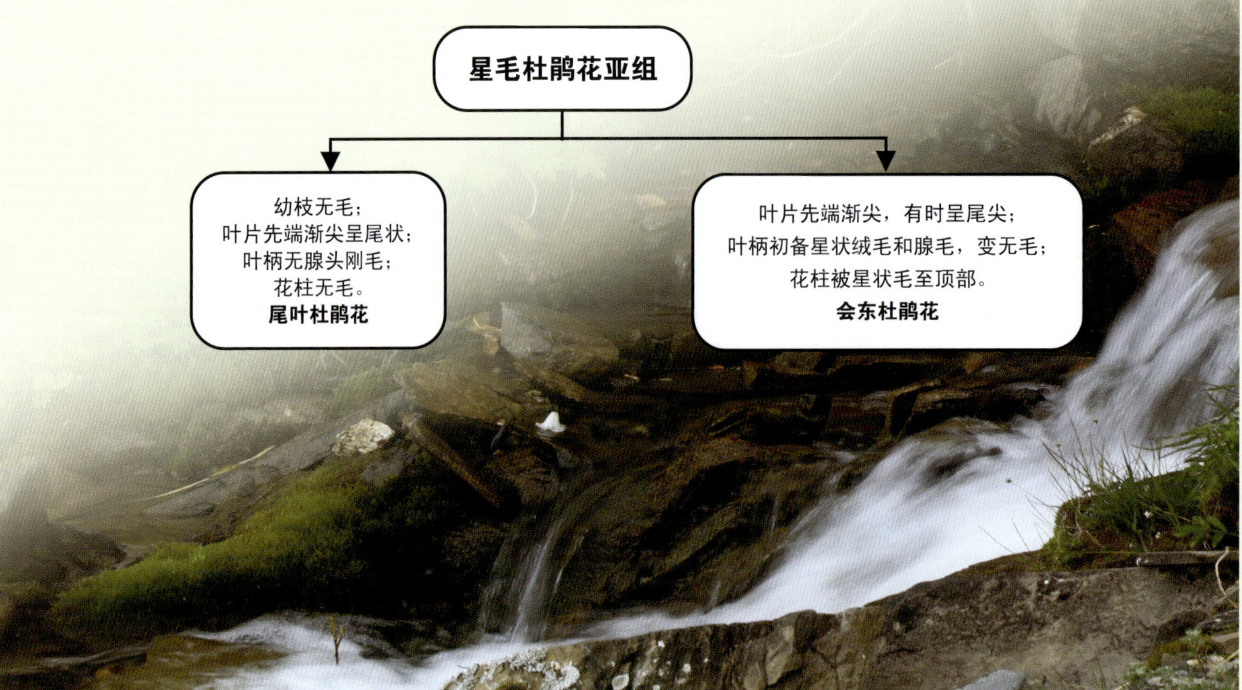

星毛杜鹃花亚组 subsect. Parishia

会东杜鹃花 *Rhododendron huidongense* T. L. Ming

叶柄和幼枝

幼果

叶背面

灌木，高约2.5米。当年生枝灰绿色、淡褐色或黄绿色，被柔毛。叶片薄革质，卵状披针形或卵状椭圆形，长4~11厘米，宽2~3厘米，先端渐尖或钝圆，有短尖头，基部近于圆形，成熟叶两面无毛，表面深绿色，背面淡绿色；叶柄长8~20毫米，初被星状毛及腺毛，变无毛。顶生总状伞形花序，有5~7花，总轴长5~11毫米，被褐色柔毛；花梗被腺毛；花萼小，5裂，裂片长约1.5毫米，外面无毛，边缘被睫状毛；花冠钟形，红色，长4~4.5厘米，5裂至近全长的1/3，裂片近圆形。雄蕊10，花丝无毛。子房卵圆形，密被褐色绒毛；花柱被星状毛至顶部。花期5~6月。

产于四川西南部，生于混交林、常绿阔叶林、灌丛，海拔2 800~3 200米。

星毛杜鹃花亚组　subsect. Parishia

尾叶杜鹃花　*Rhododendron urophyllum* W. P. Fang

灌木，高2~3米。幼枝初被腺头刚毛，变无毛。叶片厚革质，椭圆状披针形至倒披针形，长8~15厘米，宽1.5~3厘米，中部以上最宽，先端渐尖，有尖尾，基部宽楔形或近于圆形；成熟叶表面深绿色，无毛，背面淡黄绿色，毛被完全脱落或仅在中脉上微被薄层的星状绒毛，侧脉在两面均不太明显；叶柄长1~2厘米，微被星状绒毛。总状伞形花序，有8~12花，总轴长约1厘米，有淡黄色绒毛；花梗细长，长5~10毫米，疏被星状绒毛；花萼小，5裂，裂片长1毫米，外面被腺毛；花冠钟状，长3.5~4厘米，深红色，无斑点，基部有深紫色的蜜腺囊，5裂至中部以下或近全长的1/3，裂片顶端有凹缺。雄蕊10，花丝无毛。子房卵圆形，被绒毛，花柱较花冠短，无毛。花期3~5月，果期7~10月。

产于四川西南部，生于常绿阔叶林中，海拔1 200~1 600米。

蜜腺杜鹃花亚组　subsect. Thomsonia Sleumer

本亚组包含1种杜鹃花，亚组性状描述见种。

杂色杜鹃花　*Rhododendron eclecteum* Balf. f. et Forrest

常绿灌木，高1~3米；幼枝被短柄腺体。叶片薄革质，倒卵状椭圆形至椭圆形，长5~12厘米，宽2~6厘米，先端钝圆形或有小尖头，基部楔形，两侧稍下延于宽而扁平的叶柄上；成熟叶表面无毛，背面淡绿色，沿中脉具直立绒毛，侧脉在背面明显突起；叶柄短，扁平，长4~10毫米，具短柄腺体。总状伞形花序，有5~10花；总轴长5~10毫米，无毛；花梗长1~2厘米，无毛；花萼较大，杯状，长7~10毫米，5裂，裂片大小不等，无毛；花冠管状钟形，长3.5~5厘米，蔷薇色或淡黄色，有深色斑点，5裂至近中部或稍下，裂片半圆形，先端缺刻。雄蕊10，花丝基部被柔毛。子房圆柱状，长约5毫米，密被腺体；花柱与雄蕊近等长或稍长，较花冠短，无毛。蒴果圆柱状，无毛。花期5月，果期10~11月。

产于四川西南部、云南西北部、西藏东南部，生于松林、杜鹃花灌丛，海拔3 000~4 000米。

花冠
花的解剖图
花苞
花萼
雄蕊
子房
叶背面

羊踯躅亚属

subgen. Pentanthera (G. Don) Pojark.

落叶灌木，稀较大型。新叶和幼枝发自去年生叶腋，幼枝有时近轮生状，无鳞，被柔毛或无毛。叶在小枝散生或或在先端近轮生状，叶片质地薄，近纸质。短总状伞形花序出自前一年生枝的顶芽，少或多花；花萼小型或发育；花冠漏斗状钟形、近圆形或管状钟形，花冠管约与裂片等长或稍短，外面具疏柔毛，常具腺体，稀无毛，内面有或无斑点。雄蕊5或10，较花冠短或伸出，花丝基部被微柔毛。子房5室，被柔毛或腺体，花柱无毛。蒴果圆锥形。

本亚属本书包含1种杜鹃花。

羊踯躅 *Rhododendron molle* (Blum) G. Don

常绿灌木或小乔木，高2~7米。幼枝无毛。叶常集生枝顶，叶片革质，椭圆形、椭圆状披针形或倒卵状长圆形，长6~15厘米，宽2~4.5厘米，先端渐尖或斜渐尖，基部楔形，边缘微反卷；成熟叶两面无毛，背面淡绿色至带苍白色；叶柄长8~12毫米，无毛。常多个伞形花序聚生枝顶叶腋，每个花序3~6花；花梗长1.5~2.5厘米，无毛；花萼小，微5裂，裂片三角形，无毛；花冠白色，或稀带粉红色，长3~4厘米，5深裂至全长的2/3，裂片上方裂片内侧具黄色斑块和斑点，花冠管筒状，无毛。雄蕊10，伸出于花冠外很长，花丝下部被微柔毛或近于无毛。子房圆柱形，长约6毫米，无毛；花柱较雄蕊长，无毛。蒴果圆柱形，长2~4厘米，微拱弯。花期4~5月，果期9~10月。

产于安徽、浙江、江西、湖北、湖南、广东、广西、陕西、四川、贵州和云南，通常生于林中和灌丛，海拔500~1 500米。

花萼
子房
幼果
叶表面
花冠解剖图
叶背面

长蕊杜鹃花亚属

subgen. Choniastrum (Franch.) Drude

常绿灌木或小乔木。植株各部无毛或多少被毛。叶片通常在枝顶聚集，近轮生。花序芽腋生，1~7花；花萼裂片大小变化，通常不发育，无毛或边缘具睫状腺毛；花冠通常有开展的裂片，5裂。雄蕊10，不等长，较花冠短或伸出。子房圆柱形，6室，无毛或具长毛。蒴果长圆柱形，长3~6厘米，有时长达8~10厘米，种子两端具长尾状膜质附属物。

本书本亚属包含1种杜鹃花。

长蕊杜鹃花 *Rhododendron stamineum* Franch.

常绿灌木或小乔木，高2~7米。幼枝无毛。叶常集生枝顶，叶片革质，椭圆形、椭圆状披针形或倒卵状长圆形，长6~15厘米，宽2~4.5厘米，先端渐尖或斜渐尖，基部楔形，边缘微反卷；成熟叶两面无毛，背面淡绿色至带苍白色；叶柄长8~12毫米，无毛。常多个伞形花序聚生枝顶叶腋，每个花序3~6花；花梗长1.5~2.5厘米，无毛；花萼小，微5裂，裂片三角形，无毛；花冠白色，或稀带粉红色，长3~4厘米，5深裂至全长的2/3，裂片上方裂片内侧具黄色斑块和斑点，花冠管筒状，无毛。雄蕊10，伸出于花冠外很长，花丝下部被微柔毛或近于无毛。子房圆柱形，长约6毫米，无毛；花柱较雄蕊长，无毛。蒴果圆柱形，长2~4厘米，微拱弯。花期4~5月，果期9~10月。

产于安徽、浙江、江西、湖北、湖南、广东、广西、陕西、四川、贵州和云南，通常生于林中和灌丛，海拔500~1 500米。

花丝基部毛

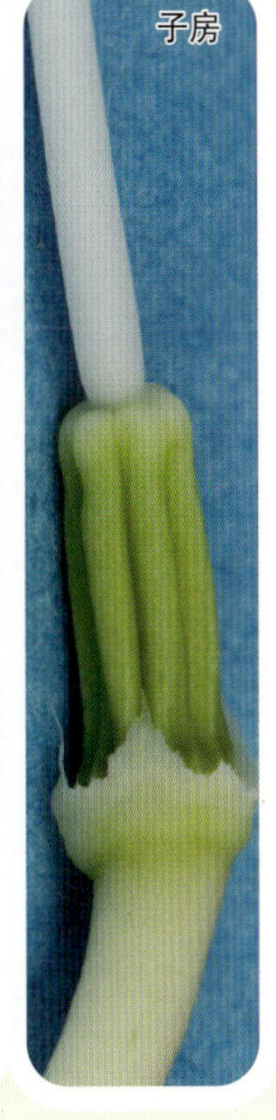

映山红亚属

subgen. Tsutsusi (G. Don) Pojark.

常绿、落叶或半落叶灌木，幼枝被红棕色扁平糙伏毛、腺头刚毛、长柔毛，稀无毛。叶脱落至半宿存或宿存，常被糙伏毛或柔毛，无鳞片。伞形花序顶生，有1至多花；花萼通常小型，有或无明显裂片，外面密被糙伏或柔毛；花冠漏斗形或辐状钟形或钟状漏斗形，白色至玫瑰色，紫红色或红色，内面常具更深色斑点斑点，但不具黄色或橙黄色斑点，有明显的花冠管，外面无毛或有柔毛或腺毛。雄蕊5~10，近等长或不等长，花丝被柔毛或稀无毛。子房5室，常被糙伏毛、刚毛、柔毛或腺毛。蒴果卵球形、圆锥形或圆锥状卵球形，密被糙伏毛、长柔毛或近于无毛。种子无齿状附属物或罕具极窄的膜翅缘。

本书此亚属包括1组：映山红组 Sect. Tsutsusi Sweet。此组包括1种杜鹃花：映山红。

映山红 *Rhododendron simsii* Planch.

常绿或半常绿灌木，高1~3米。幼枝密被褐色扁平糙伏毛。叶革质，常集生枝端；叶二型，春生叶纸质，较大型；叶片卵形、椭圆状卵形或倒卵形或倒卵形至倒披针形，长2.5~6厘米，宽1.5~3厘米，先端短渐尖，基部楔形或宽楔形，边缘微反卷，具细齿，叶表面深绿色，疏被糙伏毛，背面密被褐色糙伏毛；叶柄长2~6毫米，密被亮棕褐色扁平糙伏毛。花序伞形，2~6花；花梗长8~10毫米，密被亮棕褐色糙伏毛；花萼5深裂，裂片三角状长卵形，长5毫米，被糙伏毛，边缘具睫毛；花冠阔漏斗形，玫瑰色、鲜红色或暗红色，长3.5~4厘米，宽1.5~2厘米，裂片5，倒卵形，长2.5~3厘米，上部裂片具深红色斑点。雄蕊10，长约与花冠相等，花丝中部以下被微柔毛。子房卵球形密被亮棕褐色糙伏毛，花柱伸出花冠外，无毛或近基部被糙伏毛。蒴果卵球形，密被糙伏毛。花期4~5月，果期10月。

产于江苏、安徽、浙江、江西、福建、台湾、湖北、湖南、广东、广西、四川、贵州和云南，生于灌丛或有时形成纯灌丛林，海拔500~2 700米。

叶背面毛

花萼

花蕊

子房

幼枝和叶柄